BEI GRIN MACHT SICH IHR WISSEN BEZAHLT

- Wir veröffentlichen Ihre Hausarbeit,
  Bachelor- und Masterarbeit

- Ihr eigenes eBook und Buch -
  weltweit in allen wichtigen Shops

- Verdienen Sie an jedem Verkauf

Jetzt bei www.GRIN.com hochladen
und kostenlos publizieren

Bibliografische Information der Deutschen Nationalbibliothek:

Die Deutsche Bibliothek verzeichnet diese Publikation in der Deutschen National-
bibliografie; detaillierte bibliografische Daten sind im Internet über http://dnb.d-
nb.de/ abrufbar.

Impressum:

Copyright © 2015 GRIN Verlag, Open Publishing GmbH
Druck und Bindung: Books on Demand GmbH, Norderstedt Germany
ISBN: 978-3-668-16251-8

Dieses Buch bei GRIN:

http://www.grin.com/de/e-book/316745/gegenueberstellung-der-bau-und-planungs-
ablaeufe-mit-und-ohne-der-methode

Ayosha Aghazadeh

Gegenüberstellung der Bau- und Planungsabläufe mit und ohne der Methode "Building Information Modeling". Analyse eines Bestandsgebäudes

GRIN Verlag

GRIN - Your knowledge has value

Der GRIN Verlag publiziert seit 1998 wissenschaftliche Arbeiten von Studenten, Hochschullehrern und anderen Akademikern als eBook und gedrucktes Buch. Die Verlagswebsite www.grin.com ist die ideale Plattform zur Veröffentlichung von Hausarbeiten, Abschlussarbeiten, wissenschaftlichen Aufsätzen, Dissertationen und Fachbüchern.

Besuchen Sie uns im Internet:

http://www.grin.com/

http://www.facebook.com/grincom

http://www.twitter.com/grin_com

Gegenüberstellung der Bau- und Planungsabläufe mit und ohne die Methode „BIM" anhand eines Bestandsgebäudes

Bachelorarbeit

Vorgelegt von:

Ayosha Aghazadeh

Bearbeitungsdauer: 27. Oktober 2015 bis 11. Januar 2016

Universität Duisburg-Essen
Fakultät für Ingenieurwissenschaften
Abteilung Bauwissenschaften
Institut für Baubetrieb und Baumanagement

Abstract

[Deutsch]

Gegenüberstellung der Bau- und Planungsabläufe mit und ohne die Methode „BIM" anhand eines Bestandsgebäudes

Die vorliegende Bachelorarbeit beschäftigt sich mit der Gegenüberstellung der konventionellen Arbeitsweise und der BIM-Methode in Bezug auf Bauen im Bestand. Der Vergleich fixiert sich auf die Bau- und Planungsabläufe. Die gesamte Thesis besteht aus drei Teilen. Im ersten Teil der Bachelor-Thesis erfährt der Leser theoretische Grundlagen zu Abläufen und Arbeiten an Bestandsgebäuden. Des Weiteren wird die Grundfunktionalität des Building Information Modeling vorgestellt. Der zweite Teil der Bachelorarbeit umfasst die Gegenüberstellung und Auswertung der konventionellen Methode mit der BIM-Methode in verschiedenen Kriterienpunkten. Das Fazit entspricht dem dritten Teil der Thesis und fungiert als Schlussbetrachtung. Hierbei wird eine kurze Zusammenfassung der Auswertungen dem Leser präsentiert, um den Leser die Vorteile der BIM-Methode zu zeigen.

[Englisch]

Juxtaposition from onsite and planning processes with and without "BIM"
at an existing building

The bachelor thesis deals with the contrasting juxtaposition of the BIM method and the conventional method relating to the construction of existing buildings. The comparison is focussed on construction and planning processes. The thesis is separated into three parts. First of all the reader gets to know the theoretical foundations with regard to works and processes on existing buildings. This part also introduces the basic functionality of Building Information Modeling. In the second part is the contrasting juxtaposition and resulting evaluation of both methods in different contrasting points. The conclusion is the last part of the thesis. In this part the reader gets a short summary of all contrasting points to show the reader the pros of using the BIM method.

Inhaltsverzeichnis

Inhaltsverzeichnis

Abbildungsverzeichnis

Tabellenverzeichnis

5

Tabellenverzeichnis

Abkürzungsverzeichnis

BiB	Bauen im Bestand
HOAI	Honorarordnung für Architekten und Ingenieure
BIM	Building Information Modeling
VOB	Vergabe- und Vertragsordnung für Bauleistungen
IFC	Industry Foundation Classes
EP	Einheitspreis
GP	Gesamtpreis
EG	Erdgeschoss
KG	Kellergeschoss
DG	Dachgeschoss
OG	Obergeschoss
OKFF	Oberkante Fertigfußboden
LV	Leistungsverzeichnis
GAEB	Gemeinsamer Ausschuss Elektronik im Bauwesen
TGA	Technische Gebäudeausrüstung
LP	Leistungsprogramm
FM	Facility Management
BGF	Brutto-Grundfläche
NGF	Netto-Grundfläche
NF	Nutzfläche
BRI	Brutto-Rauminhalt

1. Einleitung

1.1 Problemstellung und Ziel der Arbeit

Die vorliegende Arbeit befasst sich mit der Gegenüberstellung von Bau- und Planungsabläufen mit und ohne BIM anhand eines Bestandsgebäudes. Hierbei soll es primär um progressive Verbesserungsmöglichkeiten für aktuelle Baumaßnahmen im Bestand gehen. Hierauf Bezug nehmend soll das Building Information Modeling, welches ein innovatives Planungsinstrument im Bauwesen ist, in Hinblick auf Bau- und Planungsabläufe analysiert werden. Im Zentrum dieser Arbeit soll die Gegenüberstellung beider Methoden stehen mit der resultierenden Auswertung bezüglich der Vorteile durch BIM.

Das zurückzuführende Problem liegt in den entstehenden Mehrkosten und Mehraufwand, die durch die konventionelle Planung entstehen. In einer Umfrage sagen 46%[1] von 590 befragten Bauherren, dass die Fertigstellung des jeweiligen Bauvorhabens länger gedauert hat als geplant. Hierbei sprechen 35%[2] von denjenigen Bauherren, dessen Baumaßnahmen sich verlängert haben von einer Bauzeitverlängerung bis zu einem halben Jahr. Des Weiteren sagen 72%[3] der Bauherren, dass die entstandenen Baukosten höher waren als die geplanten Kosten. Von den 72% sprechen knapp Dreiviertel[4] der Befragten von 10% bis 30% Mehrkosten. Als Grund für die entstandenen Bauzeitverlängerungen sprechen die Bauherren meistens von schlechter Organisation und Koordination des Bauvorhabens. Die Abweichung der tatsächlichen Kosten von den geplanten Kosten wird größtenteils begründet mit zusätzlich eingetretenen Bauleistungen bzw. Sonderwünschen. Die meistgelieferten Gründe sind hierbei Resultate aus fehlender Planung, um Entscheidungsprozesse früh abzuwickeln.

Es ist zu klären inwieweit die Planungs- und Bauabläufe verbessert werden können und ob die BIM-Methode eine Generallösung für alle Maßnahmen am Bestandsgebäude ist. Ziel der Arbeit ist es die BIM-Methode durch eine Gegenüberstellung zur konventionellen Ablaufplanung als innovative etablierte Lösung für Bausanierungsmaßnahmen zu demonstrieren.

1.2 Eingrenzung des Themas

Da das Themengebiet der BIM-Methode in Bezug auf Bestandsgebäuden groß und umfangreich ist, soll es in der vorliegenden Arbeit hauptsächlich um die Arbeitsweise aus der Perspektive des Planers gehen. Die Perspektive aus Sicht des Fachplaners und die des Bauherrn werden nur punktuell in den Grundzügen behandelt. Die Untersuchung fixiert sich auf eine vertragliche Vereinbarung auf Grundlage der VOB. Des Weiteren konzentriert sich diese Analyse auf alle Prozesse in Bezug auf die Grundleistungen der LP 1 bis einschließlich

---

[1]   http://www.interhyp.de/bauen-kaufen/tipps-zur-immobilie/baukosten-gute-planung-zahlt-sich-aus.html,Interhyp AG, (16.11.2015)
[2] Ebd.
[3] Ebd.
[4] Ebd.

1. Einleitung

LP 9 nach dem Leistungsbild für Gebäude und Innenräumen der HOAI. Im Rahmen der Genehmigungsplanung konzentriert sich die Arbeit nur auf die leistungsbezogenen Auswirkungen auf die anderen Leistungsphasen. In der Ablaufplanung wird die Objektbetreuung zeitnah zur Bauabnahme untersucht und beinhaltet keinen Übergang zum Thema Facility Management.

1.3 Vorgehensweise

Um die Lösung der zentralen Problemstellung zu veranschaulichen, erhält die Arbeit folgende Struktur:

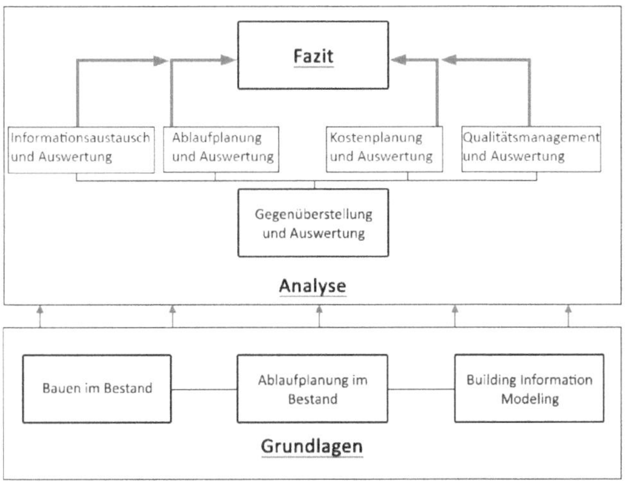

Abbildung 1: Vorgehensweise[5]

Im Kapitel *Bauen im Bestand* wird allgemein das Themengebiet BiB aufgegriffen. In diesem Kapitel werden verschiedene Baumaßnahme beim BiB vermittelt, um verschiedene Erhaltungsmaßnahmen an einem Bestandsgebäude differenzieren zu können. Im weiteren Verlauf werden vereinzelnd die Beteiligte und deren Funktion bei den Maßnahmen im Bestand beschrieben. Das Kapitel *Ablaufplanung im Bestand* beschäftigt sich detailliert mit Informationen zu den Vorgängen bei Maßnahmen am Bestand. In diesem Teil der Arbeit werden die einzelnen Hauptvorgänge, die sich in einer konventionellen Ablaufplanung im Bestand ereignen, chronologisch erläutert. Das Kapitel *Building Information Modeling* vermittelt dem Leser die Grundlagen zur Arbeitsmethodik mit entsprechender Angabe der Softwarelösung zur BIM-Methode. Das folgende Kapitel *Gegenüberstellung und Auswertung* verfolgt das Ziel der Gegenüberstellung der konventionellen Planung mit der demonstrierten BIM-Methode in einzelne Kriterien. Die einzelnen Vergleichspunkte sind hierbei der Informationsaustausch, die Ablaufplanung, die Kostenplanung und das Zeitmanagement. In

---

[5] Eigene Darstellung

den jeweiligen Unterkapiteln der Gegenüberstellung befinden sich zu jedem Vergleichspunkt die jeweilige Auswertung in Bezug auf das Themenfeld. Im *Fazit* der Arbeit werden die Auswertungen in der Gegenüberstellung zusammengefasst und eine Gesamtaussage zur BIM-Methodik anhand eines Bestandsgebäudes getroffen.

2. Bauen im Bestand

Der Oberbegriff Bauen im Bestand (BiB) bezieht sich auf Projekte die anhand eines Bestandsgebäudes mehrere hypothetisch aufeinanderfolgende Ereignisse ermöglichen, die zur Zielsetzung des Projektes führen.

2.1 Maßnahmen im Bestand

Durch die Beachtung aller Zusammenhänge kommen für das Bauen im Bestand mehrere Möglichkeiten in Frage. Die Maßnahmen im Bestand umfassen die Tätigkeiten der *Instandhaltung*, der *Modernisierung*, der *Umbauten* und die der *Erweiterungen*.[6]

2.1.1 Instandhaltung

Die *Instandhaltung* umfasst alle Aufgaben, die in Bezug auf alle Kombinationen aus „technischen und administrativen Maßnahmen sowie Maßnahmen des Managements während des Lebenszyklus einer Einheit, die dem Erhalt oder der Wiederherstellung ihres funktionsfähigen Zustands dient, sodass sie die geforderte Funktion erfüllen kann"[7]. Die Kategorie Instandhaltung unter den Maßnahmen beim BiB wird unterteilt in den Feldern *Wartung*, *Inspektion*, *Instandsetzung* und *Verbesserung*. Die *Wartung* enthält die Aufgabenfelder zur Verzögerung des Abbaus des vorhandenen Abnutzungsvorrats.[8] Die *Inspektion*, als weiteres Teilgebiet der Instandsetzung, beinhaltet „Maßnahmen zur Feststellung und Beurteilung des Ist-Zustandes einer Einheit einschließlich der Bestimmung der Ursachen der Abnutzung und dem Ableiten der notwenigen Konsequenzen für eine künftige Nutzung."[9]

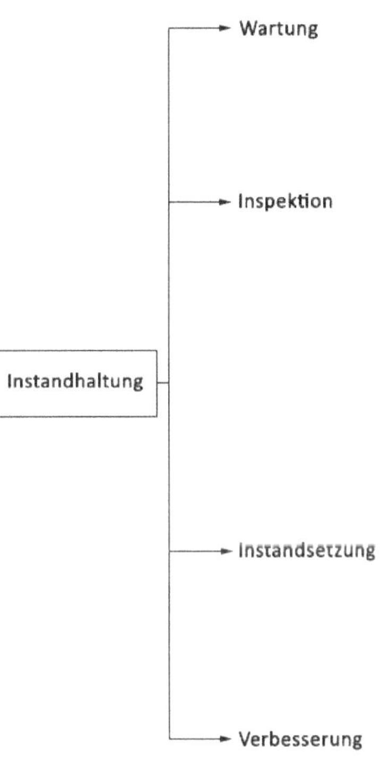

Abbildung 2: Instandhaltung nach DIN 31051[10]

---

[6] Vgl. Kalusche (2012), S. 44 ff.
[7] DIN 31051:2012-09, 4.1.1
[8] Vgl. DIN 31051:2012-09, 4.1.2
[9] DIN 31051:2012-09, 4.1.3
[10] Eigene Darstellung in Anlehnung an DIN 31051:2012-09, 4.1

Die Unterkategorie *Instandsetzung* setzt das Merkmal auf die physischen Maßnahmen, die ausgeführt werden, um die Funktion einer fehlerhaften Einheit wiederherzustellen.[11]

Die letzte Unterkategorie der *Instandhaltung* ist die Verbesserung. Sie definiert die „Kombination aller technischen und administrativen Maßnahmen sowie Maßnahmen des Managements zur Steigerung der Zuverlässigkeit und/oder Sicherheit einer Einheit, ohne ihre ursprüngliche Funktion zu ändern."[12]

2.1.2 Modernisierung

Die Modernisierung eines Bestandsgebäudes beinhaltet primär bauliche Maßnahmen, die zur nachhaltigen Steigerung des Gebrauchswertes, Verbesserung der allgemeinen Wohnverhältnisse oder der nachhaltigen Einsparung von Energie und Wasser bewirken.[13]

2.1.3 Umbau

Der Umbau eines BiB-Objekts umfasst Umgestaltungen, die auf einen Eingriff in die Konstruktion und in den Bestand des Gebäudes voraussetzen. Ein Umbau behandelt teilweise das Thema des Neubaus und die des Abbruchs von Bestandsgebäuden.

2.1.4 Erweiterungen

Das Erweitern eines Bestandsgebäudes resultiert aus dem Aufstocken, Ergänzen oder eines Anbaus eines bereits vorhandenen Bauwerkes.

2.1 Baubeteiligte

Im Rahmen einer Baumaßnahme befinden sich mehrere Beteiligte zum Koordinieren des Soll-Objektes.

Der *Bauherr* ist für das Durchführen von Bauvorhaben rechtlich und wirtschaftlich verantwortlich. Es gehört zu seinen Pflichten einen Entwurfsverfasser, Unternehmer und einen Bauleiter für sein Bauvorhaben zu beauftragen. Der Bauherr ist rechtlich verpflichtet nötige Anzeigen und Nachweise nach öffentlich-rechtlichen Vorschriften der Bauaufsichtsbehörde vorzuweisen.[14]

Die *Genehmigungsbehörde* ist nach Landesbauordnung das Bauamt bzw. die Bauaufsichtsbehörde. Die Aufgabengebiete der Bauaufsichtsbehörde umfassen die Gebiete

---

[11] Vgl. DIN 31051:2012-09, 4.1.4
[12] DIN 31051:2012-09, 4.1.5
[13] Vgl. Kalusche (2012), S. 46 f.
[14] Vgl. §57 Abs. 1 BauO NRW

der baupolizeilichen Angelegenheiten, die der Bauordnungsbehörde sowie Aufgaben einer Baugenehmigungsbehörde.[15]

Der *Entwurfsverfasser* ist für die Vollständigkeit und Brauchbarkeit des Entwurfs verantwortlich. Dieser Baubeteiligte dient zur Lieferung der notwendigen Einzelzeichnungen, Einzelberechnungen und Anweisungen für die Bauausführung und muss die Kongruenz zu dem genehmigten Entwurf und zu den öffentlich-rechtlichen Vorschriften sicherstellen. Wenn der Entwurfsverfasser das nötige Spezialwissen in einem Fachbereich nicht verfügt, ist er dazu verpflichtet einen geeigneten Fachplaner einzubeziehen.[16]

Die Überwachung und Einhaltung der öffentlich-rechtlichen Vorschriften obliegt dem *Bauleiter*. Er ist dafür zuständig, dass die Baumaßnahme insbesondere den allgemein anerkannten Regeln der Technik und den Bauvorlagen entsprechend ausgeführt wird. Im Rahmen der Ausführung regelt er den bautechnischen Betrieb der Baustelle und übernimmt die Einhaltung der Arbeitsschutzbestimmungen.[17]

Das *bauausführende Unternehmen* ist zuständig für die Fertigstellung der zugeteilten Bauarbeiten. Dabei ist zu beachten, dass sie ordnungsgemäß nach den Regeln der Technik arbeitet und die der Bauvorlage entsprechend befolgt. Das bauausführende Unternehmen muss erforderliche Nachweise über die Verwendbarkeit der verwendeten Bauprodukte und Bauarten erbringen.[18]

---

[15] Vgl. http://www.juraforum.de/lexikon/bauaufsichtsbehoerde, Einbock GmbH (08.11.2015)
[16] Vgl. §58 BauO NRW
[17] Vgl. §59a BauO NRW
[18] Vgl. §59 BauO NRW

3. Ablaufplanung im Bestand

3.1 Bestandsaufnahme

Der erste Schritt jener Bestandsaufnahme ist die *Bauaufnahme.* Eine vollständige Bauaufnahme beinhaltet als ersten Schritt das Aufmaß an Ort und Stelle. Hierbei wird eine zeichnerische Wiedergabe des Objektes in Bestandszeichnungen erstellt. Einschließlich der Bestandszeichnungen werden Detailpunkte beigefügt. Neben den zeichnerischen Elementen wird eine Beschreibung des Objektes hinzugefügt, die eine systematische Auskunft über das Gebäude geben soll, wie zum Beispiel Informationen zur Firstrichtung und zum Tragsystem. Des Weiteren soll eine Beschreibung einzelner Räume folgen, die Daten zum Zustand und zur Visualisierung der Räumlichkeiten geben soll. Es werden daraufhin fotografische Darstellungen angefertigt, die vorher in der Beschreibung erfasst wurden. Bei historischen Bestandsgebäuden ist die Ermittlung von baugeschichtlichen Daten von wichtiger Bedeutung. Signifikante Daten sind beispielsweise die Erbauungszeit oder die Umbaumaßnahmen zu verschiedenen Zeitpunkten.[19] Das Produkt der Bestandsaufnahme erfolgt in der *Durchführung von Gebäudeaufnahmen.* Der Arbeitsumfang dieses Schrittes beinhaltet die Anfertigung von Grundrissen der jeweiligen Geschosse, das Erstellen von Schnittebenen, Ansichten und die eines Lageplans.

Um die Geometrie des Gebäudes aufzunehmen werden verschiedene Verfahren angewendet. In der Praxis wird in der Regel die Tachymetrie, die Fotogrammetrie oder das Laserscanning zur geometrischen Erfassung der Gebäudedaten verwendet. Das elektronische Handaufmaß besitzt als einziges Aufmaßsystem nur eine Genauigkeit auf Dezimeterebene und wird daher nur als Ergänzungsverfahren herangezogen[20]. Der Tachymeter ist ein optoelektronisches Messgerät und errechnet über die Laufzeit des Lasers die einzelnen aufgenommenen Distanzen zu den Einzelpunkten einer Fläche.

Abbildung 3: Tachymeter[20]

---

[19] Vgl. Moschig (2014), S.5-8
[20] Vgl. André Borrmann u.a. (2015), S.347-349
[21] Vgl. André Borrmann u.a. (2015), S. 350

Die Fotogrammetrie[22] gehört zu den ältesten Vermessungsmethoden und vermisst ein Objekt am Bild selbst, indem ein oder mehrere Messbilder überlagert werden und maßstabsgetreu anhand einer Software vermessen wird. Das Laserscanning[23] ist die innovativste und gleichzeitig die kostenintensivste Methode zur Vermessung eines Gebäudes. Die Messtechnik funktioniert ähnlich, wie die Tachymetrie, jedoch wird bei diesem Anwendungsverfahren die gesamte Oberfläche des Objektes gescannt und erstellt eine große Anzahl an Messpunkten. Das Produkt des Laserscannings nennt sich Punktwolke. Die drei Messmethoden haben jeweils Vor- und nach Nachteile, sodass eine Kombination innerhalb der Vermessung sich anbietet und in der Praxis auch verwendet wird. Bestandspläne wie Grundrisse, Schnitte und Ansichten werden in der Regel im Hochbau in einem Maßstab von 1:100 aufgenommen. Der Lageplan wird gewöhnlich in einem Maßstab von 1:500 oder 1:1000 gewählt. Bei

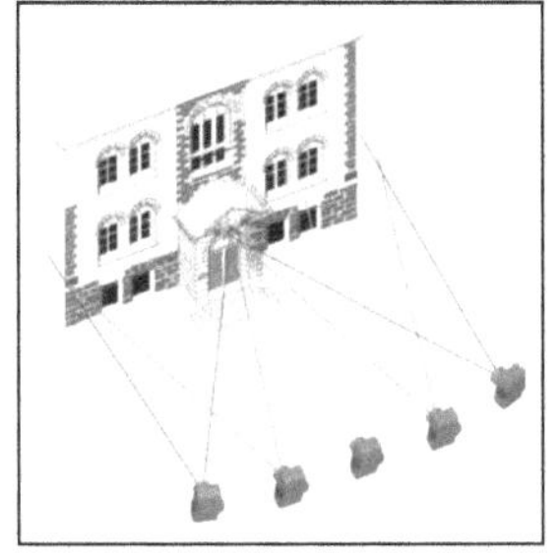

Abbildung 4: Photogrammetrie[23]

Abbildung 5: Laserscanning[24]

Detailkonstruktionen, wie beispielsweise Fenster- und Türenkonstruktionen werden Abbildungsmaßstäbe von 1:5 und 1:10 verwendet. Ein weiterer Bestandteil der Gebäudeaufnahmen ist das dokumentieren von Nachbarobjekten bis zur ersten Fensterachse, um in der Sanierungsplanung Sicherheitskonzepte und Beweissicherung in Bezug auf das Nachbarobjekt zu planen. [26] Ein Bestandsgebäude benötigt je nach Sanierungsfall und Baujahr des Gebäudes eine *Baudokumentation*. Die Baudokumentation erfolgt in acht Einzelschritten:

1. Auswertung vorhandener Plane
2. Auswertung vorhandener bildlicher Darstellung
3. Auswertung schriftlicher Quellen
4. Auswertung mündlicher Überlieferungen
5. Bestandsaufnahme des Objektes
6. Fotodokumentation des Objektes
7. Mündliche Beschreibung des Objektes
8. Zusammenfassende Analyse aus Schritt 1-7.

---

[22] Vgl. André Borrmann u.a. (2015), S.353
[23] Vgl. André Borrmann u.a. (2015), S.358
[24] André Borrmann u.a. (2015), S.353
[25] André Borrmann u.a. (2015), S.358
[26] Vgl. Moschig (2014), S.27-43

Die Baudokumentation stellt hierbei eine Gesamtdokumentation dar, die als Grundlage für die Bauwerksanalyse steht.[27]

3.2 Bauwerksanalyse

Nach Aufnahme des Bestandes besteht die Frage inwieweit das Bestandsgebäude saniert werden muss. Hierbei werden Vermessungsarbeiten, wie bspw.:

- o Feuchtemessung,
- o Salzanalyse,
- o pH-Wert-Untersuchung,
- o Bauphysikalische Durchrechnung,
- o Standsicherheitsrechnung,
- o Austausch von Konstruktionsteilen,
- o und Untersuchung künftiger Nutzungsmöglichkeiten

durchgeführt. Die einzelnen Vermessungsarbeiten können hierbei Informationen zur Statik und bauphysikalischen Zuständen der Bausubstanz geben. Die Bauwerksanalyse ermittelt die Eingangsdaten, die für die Kostenschätzung der Sanierung notwendig sind.

In der *bauphysikalischen Analyse* wird in der Praxis eine Bohrkernuntersuchung veranlasst, wenn keine Detailzeichnungen zu Wandkonstruktionen und Deckenkonstruktionen vorhanden sind, um den genauen Schicht- und Materialaufbau aufzunehmen. Nachdem die Kenndaten für alle fehlenden Input-Werte zu den Details erhoben wurden, erfolgt eine bauphysikalische Durchrechnung. Die derzeitige Berechnungsmethode erfolgt in der DIN 4108 und in der EN ISO 13788 nach dem Glaserverfahren. Bei dieser Bestandsrechnung handelt es sich um die Ermittlung des Wärmedämmwertes[28] und die Bestimmung des Diffusionsverhaltens. Es wird außerdem eine Feuchtebilanz der relevanten Wand- und Deckenkonstruktionen erstellt, um die Sicherstellung einer wärme- und diffusionstechnischen Sanierung vorschriftsgemäß zu garantieren.[29]

Die *Standsicherheitsuntersuchung* bezieht sich primär auf die Statik des Bauwerks. In sekundärer Hinsicht wird auch der Schutz des Bauobjekts gegen Korrosion, Feuchtigkeit, Feuer, Kälte und weitere schadenshervorrufende Ereignisse geprüft, um auf eine lange Lebensdauer des Bestandsgebäudes zu steuern. Eine Tragwerksberechnung durch einen Statiker ist in einer Bausanierungsmaßnahme selten der Fall. Wenn bei der Planung größere Eingriffe in das Tragsystem oder durch Umbauplanung eine erhöhte Verkehrslast entsteht muss eine Erfassung der Tragfähigkeit durch den jeweiligen Sanierungsplaner vorgenommen

---

[27] Vgl. Moschig (2014), S.43-44
[28] Wärmedämmwert (U-Wert): Der Wärmedämmwert ist ein Maß für den Wärmestromdurchgang durch unterschiedliche Materialien. [...]
[29] Vgl. Moschig (2014), S.89-96

werden. Die statische Beurteilung umfasst eine Überprüfung der einzelnen Querschnitte und Festigkeiten der tragenden Konstruktionen. Des Weiteren wird die Wechselwirkung der Bauteile untereinander in Bezug auf den Verbund geprüft. Innerhalb der Untersuchung werden starke Verformungen und Schiefstellung erfasst. Die hauptsächliche Analyse erfolgt in Hinblick auf Schadstellen an Tragwerksteilen und deren Verbindungen. Zuletzt erfolgt eine Wertung des Tragwerks mit einem Tragwerksplaner.[30]

3.3 Kostenermittlung

Die Grundlage für die Kostenermittlung liegt in der Aufstellung[31] der zu sanieren Bauelemente, die sich nach der Bauwerksanalyse ergeben haben. Dabei werden Massen anhand der Pläne überschlägig ermittelt. Ziel der Kostenschätzung ist eine Genauigkeit von ±5 %. Die Voraussetzung dieser Kostengenauigkeit ist eine sorgfältige Arbeitsweise in der Gliederung der Kosten. Diese erfolgt in einer positionsweisen Differenzierung der Kosten in den verschiedenen Teilleistungen der KG 300 nach DIN 276. Die Differenzierung in den verschiedenen Teilleistungen bzw. in die zweite Gliederungsebene der KG 300 erfolgt ausführungs- bzw. gewerkeorientiert. Nach der Mengenermittlung kann anhand von Vergleichspreisen von früheren bzw. ähnlichen Projekten eine Angleichung auf das aktuelle Bauvorhaben folgen. Wenn keine Referenz von Vergleichspreisen vorhanden ist, ist es möglich anhand einer Kostenkalkulation Arbeits- und Materialaufwand zu bestimmen. Als Hilfsmittel können sogenannte Preisbücher verwendet werden. Im Falle von Vergleichspreisen aus dem Neubau, müssen die Werte aus dem dementsprechenden Projekt an das Sanierungsvorhaben modifiziert werden, da in einer Bausanierungsmaßnahme ein erhöhtes Arbeits- und Materialaufkommen vorhanden ist. Ein Bestandsgebäude kann im Gegensatz zu einem Neubau mehrere zusätzliche Kosten beinhalten, die erst während der LP 8 zum Vorschein kommen. Bei Bestandsgebäuden wird bevorzugt in Bezug auf Arbeiten mit Stahlbetonkonstruktionen eigene Leistungspositionen zu erstellen für Beton, Schalung und Bewehrung zu erstellen, da in einer Bausanierungsmaßnahme umfangreiche Sicherheitsmaßnahmen stattfinden, wie beispielsweise beim Austausch von tragenden Konstruktionsteilen.[32]

3.4 Sanierungsplanung

Die Sanierungsplanung erfolgt auf Grundlage von Bestandsaufnahmen und einer Bauwerksanalyse. Der Schritt zur Anfertigung von Ausführungs- und Detailzeichnungen erfolgt nachdem auf Sanierbarkeit geprüft worden ist und ein Finanzierungsplan erstellt wurde. Hierbei entscheidet man grundlegend über die Art der Sanierung[33].

---

[30] Vgl. Moschig (2014), S.96-99
[31] Siehe Anhang 1: Beispiel einer Kostenaufstellung
[32] Vgl. Moschig (2014), S.142-145
[33] Siehe Kapitel 2.1

3.4.1 Ausführungs- und Detailzeichnungen

In der Sanierungsplanung werden Pläne angefertigt, die den Soll-Zustand des Bestandsgebäudes darstellen sollen. Besonders wichtig ist das Differenzieren zwischen den bestehenden, abzureißenden und neu zu erstellenden Bauelementen.

Ein Bestandteil dieser Zeichnungen ist der *Kellergeschoss-Grundriss.* Der KG-Grundriss muss Angaben bezüglich der Geländehöhe auf der Nullebene auf jeder Seite des Objektes besitzen. Die Geländehöhe wird von der Oberkante des Fertigfußbodens im KG bis OKFF im EG gemessen. Die Höhenangabe ist ein wichtiger Bestandteil für die Herstellung der Außenwandabdichtung.[34]

Im *Erdgeschoss-Grundriss* müssen folgende Maße und Anmerkungen im Plan erkenntlich sein:

- o Lichte Raummaße,
- o Wanddicken,
- o Brüstungshöhen,
- o lichte Tür- und Fenstermaße samt Aufschlagsrichtung der Türen,
- o Art der Fenster und Türen, Schwellen und Anschläge,
- o Achsmaße sämtlicher Öffnungen sowie Abstand zur nächstliegenden Wand,
- o geschnittene Wände samt Konstruktion (Bauart, Baustoff),
- o Bezeichnung besonderer Details,
- o Stürze, Durchgänge, Unterzüge, Kanäle etc. (in Raumlichte hineinragend – gestrichelt),
- o Abmessungen von Pfeilern, Vorlagen, Nischen, Stützen etc.,
- o Querschnitte von Aussparungen in Wänden und Decken (Schlitze, Durchbrüche),
- o Bemaßung von Treppen mit Steigungszahl und Stufennummerierung,
- o Fußbodenhöhen zu OKFF im Erdgeschoss (EG meist Bezugsgeschoss),
- o Lage der Senkrechten Schnitte,
- o Art des Fußbodenbelags in den einzelnen Räumen,
- o Art der Raumnutzung, Raumnummer,
- o Fläche des Raumes,
- o Gefälle von Fußböden und Lage des Bodeneinlaufes,
- o sanitäre Einrichtungen (Badewanne, Waschbecken, Dusche etc.),
- o und bei einzuziehenden Decken deren Spannrichtung durch Pfeile.[35]

Als weiterer Bestandteil der Pläne über den Soll-Zustand ist eine Zeichnung zur Angabe der *Holzdecken-Balkenlage.* Die Balkenlage wird in der Regel mit dem darunterliegenden

---

[34] Vgl. Moschig (2014), S.149
[35] Vgl. Moschig (2014), S.149

Geschoss zusammen dargestellt. In dieser Zeichnung müssen folgende Angaben gewährleistet sein[36]:

o   Wände mit Hauptmaßen und Wanddicken,
o   Konstruktionshölzer mit Querschnitt, Positionsnummer aus Holzliste bzw. statischen Berechnungen,
o   Balkenabstände (Achsmaße), Balkenabstände von den Wänden, Balkenlängen,
o   Auflagerlänge der Balken (auf Wände, Träger etc.),
o   Balkenanker (Querschnitt, Länge, Abstand von der Wand),
o   und Balkenauswechselungen sind (wenn im Maßstab nicht deutlich erkennbar) im größeren Maßstab zu zeichnen, mit Angabe des verwendeten Maßstabes.

Im nächsten Schritt wird ein *Längs- und Querschnitt* zur Sanierungsplanung erstellt, um den konstruktiven Aufbau des Gebäudes zu visualisieren. In dieser Darstellung müssen folgende Angaben deutlich werden[37]:

o   Geschnittene Fundamente und Wände mit Wanddicken und Höhenmaßen,
o   Tür- und Fensterabbildung, Öffnungen mit Querschnittsabmessungen,
o   Deckenschnitte und Ausbildung des Fußbodenaufbaues samt Decke,
o   Geschosshöhen (Roh- und Fertigmaße),
o   lichte Raumhöhen,
o   Brüstungshöhen, Sturzhöhen,
o   Höhen der senkrechten Wandteile im Dachgeschoss,
o   Dachkonstruktion samt Profilmaßen und Positionsnummern nach 4.1.3,
o   Dachhaut-Oberkante, Dachfenster,
o   Gesimsausbildung und Sparrenausbildung samt Dachrinnen,
o   Schornsteine samt Fundament und Schornsteinkopf,
o   Treppen (konstruktive Ausbildung, Zahl der Steigungen, Auftritts- und Steigungsmaße),
o   Durchgangshöhen, lichte Kopfhöhen (Treppen, Dachausbau),
o   Sperrschichten (waagerecht, senkrecht),
o   besondere Dämmungen (Decken, Tür- und Fensterstürze etc.),
o   Frosttiefe von Gründungen,
o   wichtige Höhenmaße (Fundamentsohle, Terrainoberkante, Fußbodenhöhen, Traufenhöhe, Firsthöhe).[38]

Ein weiterer Bestandteil der zeichnerischen Darstellung ist das Anfertigen von *Ansichtszeichnungen*. In diesen Zeichnungen wird konventionell die Bezeichnung der

---

[36] Vgl. ebd.
[37] Vgl. ebd.
[38] Vgl. Moschig (2014), S.152

Himmelsrichtungen oder der lokalen Begebenheit verwendet, wie bspw. Nordansicht oder Straßenansicht. In dieser Darstellung müssen folgende Elemente deutlich erkennbar sein[39]:

- o Außenkanten des Gebäudes,
- o Fenster- und Türaufteilungen samt Sonnenschutz,
- o Besondere Putzausbildungen samt deren Maßen,
- o Verkleidungsteile, Zierfachwerk, etc. mit Maßangabe,
- o an Außenwand stoßende Wände und Decken (Strichlinien an den Eckpunkten),
- o Gesimse, Dachrinnen, Fallrohre,
- o Bogenmaße für Fenster- und Türöffnungen (wenn aus den Schnitten nicht erkennbar),
- o Anschlüsse an bestehende Objekte und Lage der Fenster.

Um einen bestimmten Aufbau oder ein bestimmtes Bauelement hervorhebend zu zeigen werden *Detailzeichnungen* in einem Maßstab von 1:20 bis 1:1 erstellt. Die angefertigte Detailzeichnung wird im jeweiligen Grundriss, Schnitt oder in der Ansicht angemerkt.

Bei besonderen Bausanierungen werden weitere Ausführungszeichnungen erstellt, wenn beispielsweise Hilfskonstruktionen die zur temporären Statik verhelfen sollen konstruiert werden. Größere Abbruchsarbeiten müssen anhand von detaillierten *Abbruchszeichnungen* ausgeführt werden. In spezielleren Bausanierungsmaßnahmen ist es obligatorisch weitere Pläne zur Ausführung zu erstellen. Ein *Fundamentplan* oder ein *Werksatz zur Sparrenlage* gehören hierbei zu spezielleren Plänen.

Eine weitere Differenzierung von Zeichnungen sind die *Sonderzeichnungen*. Sie beziehen sich hauptsächlich auf Zeichnungen über Schlitze, Aussparungen, Durchbrüche und auf die Haustechnik und können in einer Sanierungsmaßnahme erforderlich werden.

3.4.2 Leistungsbeschreibung

Die Leistungsbeschreibung ist obligatorisch in jeder Baumaßnahme zu erstellen. Sie dient zusätzlich zu den zeichnerischen Darstellungen als Grundlage für die Angebotskalkulation. Die VOB lässt zwei Arten zur Leistungsbeschreibung zu. Die Leistungsbeschreibung muss entweder mit einem Leistungsverzeichnis oder einem Leistungsprogramm erstellt werden.[40] In der Regel nutzen Baubeteiligte die Leistungsbeschreibung mit einem Leistungsverzeichnis.

Nach Ausfertigung der Ausführungszeichnungen folgt als Grundlage für die Leistungsbeschreibung eine ausführliche Erfassung des Leistungsumfanges mit genauer Massenberechnung. Im LV werden die Massenberechnungen[41] positionsweise ermittelt.[42] Eine Leistung muss im LV in Teilleistungen gegliedert werden und eine allgemeine Darstellung in Form einer Beschreibung der Bauaufgabe erfassen. Wenn anhand der Leistung

---

[39] Vgl. ebd.
[40] Vgl. §7 VOB/A
[41] Siehe Anhang 3: Beispiel einer Massenberechnung
[42] Vgl. Moschig (2014), S.154

eine Ausführungszeichnung vorhanden ist, ist darauf zwingend hinzuweisen. Die Anforderung im LV besteht darin, dass die Teilleistungen in den Positionen, die in den zugehörigen Ordnungszahlen gegliedert sind, auf Grund ihrer technischen Beschaffenheit und Preisbildung als gleichartig zu sehen sind.[43]

Im Folgenden ist ein Beispiel einer ausführlichen Leistungsbeschreibung in einer Leistungsposition:

„1.03 -   Untergrund vorbereiten

> *Untergrund für das Anbringen eines Wärmedämmverbundsystems vorbereiten, z.B. Schmutz und Staub entfernen, Untergrund mit Hoch- druckreiniger reinigen, kreidende Anstriche und Ausbühungen abbürsten, Desinfektion algen- und pilzbefallener Untergründe, Pflanzen entfernen, usw. Abwasser und anfallendes Material ist vollständig zu sammeln und gemäß den gesetzlichen Bestimmungen zu entsorgen.*
>
> *ca. 350 m^2*
>
> *EP: ....   GP: ...."*[44]

3.4.3 Zeit- und Arbeitsplanung

Auf einer Baustelle befinden sich mehrere Gewerke, die gleichzeitig an verschiedenen Stellen des Bauvorhabens arbeiten. Auf Grund dieser Tatsache ist es notwendig eine Arbeits- und Zeitplanung zu erstellen, um den reibungslosen Verlauf der Baumaßnahme zu garantieren. Die meist verwendeten Methoden sind dabei der *Netzplan* und das *Balkendiagramm*.

Der *Netzplan*[45] ist ein grafisches Modell und eignet sich gut um komplexe Bauabläufe mit deren gegenseitiger Abhängigkeit übersichtlich darzustellen. Hierbei unterscheidet man in der Netzplantechnik zwischen dem PERT[46]-, CPM[47]- und MPM[48]-Verfahren. Im Bauwesen wird in der Regel das MPM-Verfahren, auch Vorgangsknoten-Verfahren genannt, verwendet. Das Metra-Potenzial-Verfahren stellt eine bewertete Verbindung zwischen den Vorgängen als Pfeile und Anordnungsbeziehungen dar.[49]

---

[43] Vgl. §7 VOB/A Abs. 9-12

[44]   Vgl. http://www.heusweiler.de/fileadmin/user_upload/PDFs/bauamt/Ausschreibungen/LV_Vollwaermeschutz_Kita _und_Jugendzentrum.pdf, Architektenteam Udo Winkler (09.11.2015)

[45] Siehe Anhang 4: Beispiel für einen Netzplan

[46] PERT(Abk.): „Program Evaluation and Review Technique"

[47] CPM(Abk.): „Critical Path Method"

[48] MPM(Abk.): „Metra Potential Method"

[49] Vgl. Kochendörfer (2010), S.107 f.

Das *Balkendiagramm*[50] ist eine simple Methode zur Übersicht der Arbeitsläufe. Hierbei werden nach dem im Leistungsverzeichnis gegliederten Positionen gearbeitet. Im Zeitstrahl werden die Arbeitsabläufe bezüglich der Leistungen aus dem LV als Balken dargestellt.

In der Praxis wird meistens ein Balkendiagramm oder eine Terminliste an die Projektbeteiligten herausgegeben.[51]

3.4.4 Ausschreibung und Vergabe

Die Ausschreibung und Vergabe von Bauvorhaben beruht auf Grundlage der Ausführungszeichnungen und Leistungsbeschreibung mit LV. Bei der Ausschreibung wird differenziert zwischen *öffentlicher*, *beschränkter* und *freihändiger* Vergabe. Die *öffentliche Ausschreibung* erfolgt konventionell, wenn Fördergelder in Bezug auf größere Baumaßnahmen bezogen worden sind. Eine *freihändige Vergabe* bezieht sich auf kleine Bausanierungsmaßnahmen und erfolgt an bereits vorhandenen Geschäftsverbindungen zu Unternehmen mit den schon gearbeitet worden ist. In der Regel folgt eine *beschränkte Ausschreibung* der jeweiligen Leistungen, bei der jeweils ein ausgewählter Kreis von Firmen durch den Bauherren zu einem kostenlosen und unverbindlichen Angebot eingeladen[52] wird. Im Einladungsschreiben werden das Leistungsverzeichnis, die allgemeine Vertragsbedingungen und eine Baubeschreibung übermittelt.[53] Nachdem aus dem Kreis ein der jeweiligen Gewerkarbeiten eine Firma selektiert worden ist, wird bei kleineren Sanierungsmaßnahmen ein Auftragsschreiben[54] aufgesetzt. Bei einer größeren Bausanierungsmaßnahme erfolgt die Anfertigung eines Bauvertrages. [55]

3.5 Bausanierung

Mit der Bausanierungsmaßnahme endet die Planungsphase des Bauvorhabens. Die Ausführung wird in dem Schritt auch Realisierungsphase genannt. Hierbei liefert die aktive Steuerung der Baumaßnahme über die endgültige Qualität des Soll-Zustandes. Das aktive Steuern übernehmen dabei die einzelnen Gewerke und die örtliche Bauaufsicht. Die örtliche Bauaufsicht hat die Verantwortung, dass die gesamte Sanierung gemäß der Planungsphase unter Einhaltung der Normen und gesetzlichen Bestimmungen ordnungsgemäß stattfindet. Die Grundleistungen der Objektüberwachung sind gesetzlich durch die HOAI geregelt. Ein wesentlicher Bestandteil ist das Bautagebuch, welches durch die Bauleitung, in der Regel am Computer, geführt wird.

---

[50] siehe Anhang 5: Beispiel für ein Balkendiagramm
[51] Vgl. Kochendörfer (2010), S.108
[52] Siehe Anhang 6: Beispiel Einladungsschreiben
[53] Vgl. Moschig (2014), S.159
[54] Siehe Anhang 7: Beispiel eines Auftragsschreibens
[55] Vgl. Moschig (2014), S.159-162

3. Ablaufplanung im Bestand

Das Bautagebuch muss dabei Details zu

o Datum,
o Witterung,
o Temperatur,
o Arbeitszeit,
o Beschäftigte Firmen mit Anzahl der Arbeiter,
o Art der Bauleistung mit Angabe der aufgenommenen Positionsnummer im LV,
o Anordnungen der Bauaufsicht,
o besondere Vorkommnisse und Maßnahmen,
o Leistungen außerhalb des LV,
o und Skizzen zum Aufmaß

enthalten.[56] Bei Fertigstellung einer im LV angeführten Position findet eine Rechnungsprüfung statt in der geprüft wird, ob eine rechnerische und fachtechnische Korrektheit der Gewerksarbeiten stattfand. Dabei wird auch auf Aussonderungen von Teilleistungen geachtet, die nicht vergütet werden müssen, da sie nicht in der Leistungsbeschreibung angefordert wurden. Die Überprüfung des Aufmaßes als neue Kenngröße im Vergleich zum Soll-Wert bietet dabei den neuen Parameter zur Abrechnung der Position.[57] Als Abschluss wird ein Bauabnahmeprotokoll[58] als Schlussabnahme erstellt. Ein weiterer Kostenfaktor neben der Bauabnahme ist die Leistung des jeweiligen Ingenieurs bzw. Architekten, die auf den Preis draufkalkuliert wird. Der Zuschlag auf eine Sanierungsmaßnahme wird auf Basis der HOAI vereinbart. In der Objektplanung ist der Zuschlag bei Umbauten und Modernisierungen von Gebäuden und Innenräumen bis 33% verhandelbar. Bei Sanierungsmaßnahmen in Innenräumen von Gebäuden wird eine Obergrenze von 50% angesetzt.[59]

---

[56] Vgl. Moschig (2014), S.163
[57] Vgl. Kochendörfer (2010), S.233-237
[58] Siehe Anhang 8: Beispiel für ein Abnahmeprotokoll
[59] Vgl. §36 Abs. 1-2 HOAI

4. Building Information Modeling

4.1 Grundlagen

Der Begriff Building Information Modeling ist eine Arbeitsmethode und basiert auf die durchgängige und verlustfreie Nutzung eines digitalen Abbildes eines Bauwerks, wobei jedes Bauwerkselement mit Informationen zu Zeit, Kosten und Nutzung bereichert werden kann. Das bedeutet, dass die konventionelle CAD-Technologie außerhalb der geometrischen Eigenschaften einzelner Linien auch nicht-geometrische Zusatzinformationen erhält. Die Vorstellung aus gegenwärtiger Sicht soll der Einsatz von BIM über den gesamten Lebenszyklus eines Bauwerks enthalten. Die Softwarelösung für BIM ist so umgesetzt worden, dass das 3D-Geometriemodell mit Informationen zu Kosten- und Zeitplanung zu einem 5D-Modell fungiert. BIM ist eine

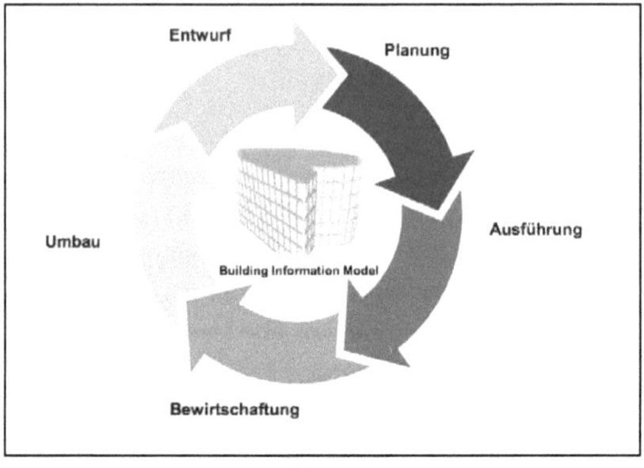

Abbildung 6: Lebenszyklus mit BIM[60]

EDV-gestützte Arbeitsweise und ist von vielen etablierten Softwareherstellern bereits umgesetzt worden. Beispielprodukte zu BIM sind beispielsweise

- o Revit von Autodesk,

- o Allplan von Nemetschek,

- o und ArchiCAD von Graphisoft.[61]

---

[60] André Borrmann u.a. (2015), S.29
[61] Vgl. André Borrmann u.a. (2015), S.4

4.2 Besonderheiten beim BiB

Der Einsatz von Building Information
Modeling in Bezug auf Bauen im Bestand
unterscheidet sich zum Neubau in dem
Aspekt, dass beim BiB jedes Bauelement
einem Zustand zugeordnet werden muss. In
der Bausanierung wird jedes Bauteil bzw.
Teile vom Bauteil unterschieden, ob es neu
errichtet, bestehen oder abgebrochen wird.
In der Regel treten in einer Zeichnung
verschiedene Kombinationen der Zustände

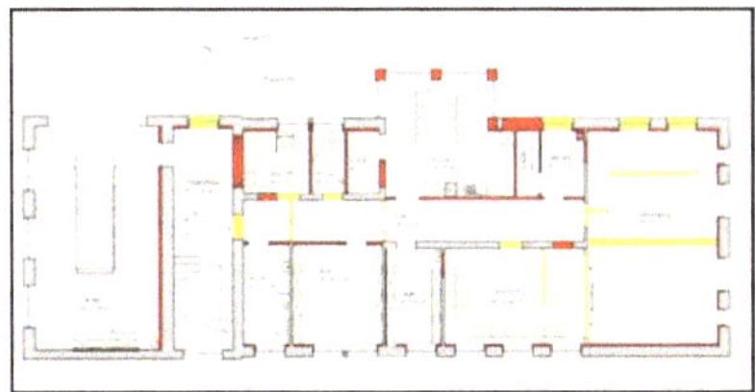

Abbildung 7: Farbliche Abtrennung im Bestand[62]

auf, die vorher in der Bestandsaufnahme und in der Bauwerksanalyse als jeweilige
Zustandsform identifiziert worden sind. In der Bauvorlagenverordnung der Länder ist
gesetzlich festgelegt, welche Farbe zu welchem Zustand zugeteilt ist. In einer Bauzeichnung
müssen vorhandene Bauteile mit der Farbe Grau, ein neugeplantes Mauerwerk mit der
Farbe Rot, die zu beseitigenden Bauteile mit der Farbe Gelb und neuer Beton und Stahlbeton
mit Blass-Grün gekennzeichnet werden.[63] Bauwerkselemente die als abgebrochen eingestuft
worden sind haben die Besonderheit, dass sie vorher bemessen werden müssen mit BIM, da
sie nach dem Abbruch nicht mehr vorhanden sind. Das Arbeiten mit BIM an
Bestandsgebäuden muss ebenfalls Kosten- und Zeitplanung abdecken, die durch das
umweltgerechte Entsorgen und Recyceln von Abbruchbaustoffen entstehen. [64] Ein weiteres
Attribut beim BiB ist ebenfalls die Denkmalpflege, die hinsichtlich der Modellierung und
Modellauswertung berücksichtigt werden muss.

---

[62] http://drk.hoerstel.de/rie/umbau_alte_birgter_schule_ov.htm, DRK Hörstel (09.11.2015)
[63] Vgl. Anlage zu §7 Abs. 7 und §8 Abs. 4 BauVorlVO (NI)
[64] Vgl. André Borrmann u.a. (2015), S. 381

5. Gegenüberstellung und Auswertung

In dieser Untersuchung wird die herkömmliche Arbeitsmethodik anhand Bestandsgebäuden mit der Arbeitsweise mit BIM anhand mehrerer Kriterien analytisch gegenübergestellt.

5.1 Informationsaustausch und Auswertung

Innerhalb der Baumaßnahme wird in der herkömmlichen Praxis für jeden Teilbereich eine sogenannte *Insellösung* angeboten. Die konventionelle Arbeitsmethodik beharrt meist auf die Lösung eines Problems durch verschiedene Softwares. So wird beispielsweise das Modell in AutoCAD von Autodesk gezeichnet und die Statik als Teilgebiet der Baumaßnahme in der Statik-Software von Frilo ermittelt. Des Weiteren wird in der Praxis keine durchgängige Nutzung einer Datei beansprucht, so dass für jede spezifische Aufgabe eine Datei weitervermittelt wird.

BIM hingegen bietet vier Möglichkeiten in der Korrespondenz[65] zwischen den Beteiligten. Eine Option zur Verständigung besteht in der Anwendung von gewissen Softwarelösungen für BIM. Hierbei unterscheidet man zwischen *Open-* und *Closed BIM*. Die *Open BIM* Methode beschreibt das behandeln der Baumaßnahme mit verschiedenen Softwares und setzt voraus, dass alle Produkte den selben Datenformat nutzen. Die denkbare Lösung ist die Datenschnittstelle IFC, die im Stand der

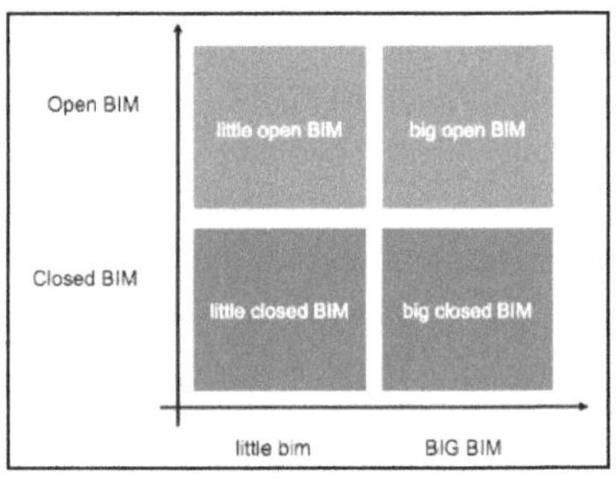

Abbildung 8:Korrespondenz mit BIM[66]

heutigen Technik weiterentwickelt wird, um eine Kompatibilität zwischen den verschiedenen Produkten der Softwarehersteller der BIM-Methodik herzustellen. *Closed BIM* setzt den Fokus auf das Anwenden einer einheitlichen Software während der Baumaßnahme, um einen reibungslosen Bauverlauf mit BIM zu gewährleisten. Die weiteren Differenzierungsmuster entstehen in der Informationsvermittlung. Hierbei unterscheidet man zwischen *little* und *BIG BIM*. Bei der *little BIM* Methode wirkt das BIM-Modell als Ausgangslage und wird für jede Überarbeitung des BIM-Modells einzeln weiterverschickt. Hingegen das *BIG BIM* Verfahren das Modell auf einer Cloud[67] bereitstellt, so dass das BIM-Modell durchgängig von jedem bearbeitet werden kann und einheitlich ist. Weiterhin ist es möglich diese Verschiedenen Muster zu kombinieren, sodass es mehrere Möglichkeiten gibt die Verständigung der Beteiligten zur garantieren. Als Vorbild wird die *big open BIM*-Lösung gesehen in der die Beteiligten individuell mit verschiedenen Softwares am gleichen Modell arbeiten.

---

[65] Vgl. André Borrmann u.a. (2015), S. 8
[66] André Borrmann u.a. (2015), S. 8 (leicht modifiziert)
[67] Cloud (Def.): Plattform, meist online, worüber die Beteiligten auf das Modell zugreifen können.

Die Zusammenarbeit innerhalb der Baumaßnahmen wird durch einen reibungslosen Informationsaustausch garantiert. In der Gegenüberstellung treten bei der zwei Verständigungsmuster auf. In der konventionellen Arbeitsmethodik verbirgt sich ein dezentrales Kommunikationsmuster, da die Verständigung auf eine zerstreute Kommunikation, während der Arbeit am Bestandsgebäude, basiert. Die dezentrale und zerstreute Korrespondenz innerhalb der Baubeteiligten führt zu einem Mehraufwand, da alle Beteiligten an einer separaten Zeichnung ihre eigenen Aufgabenfelder erfüllen. Im Gegensatz dazu bietet die Arbeit mit Hilfe von BIM eine zentrale Verständigung an. Mit der *big open BIM*-Lösung ist der Server auf dem sich das Modell befindet das zentrale Kommunikationsmedium. Die BIM-Cloud garantiert hierbei eine Kommunikation und Bearbeitung sämtlicher Aufgabenfelder am selben Modell. Als weiteres Auswertungskriterium verspricht BIM im Kriterium Informationsaustausch eine informationsverlustfreie Korrespondenz durch das phasenorientierte Arbeiten. Beim Zeitpunkt der Bauabnahme werden die Informationen zum Bestandsgebäude durch die neuen Bauelemente überschrieben, sodass Parameter, die hinsichtlich der Abläufe erfasst worden sind in der Praxis höchstens in gesonderten Dokumentation vorhanden sind. BIM behält alle Parameter der Phasen in der Projektdatei, sodass in Zukunft alle Phasen von Beteiligten abrufbar sind. Die Arbeitsweise garantiert ebenfalls eine lokal-unabhängige Arbeit durch die dreidimensionale Darstellung. Die Visualisierung bietet den Bauherrn und Planern die Möglichkeit die jeweiligen Arbeiten standortunabhängig zu bearbeiten.

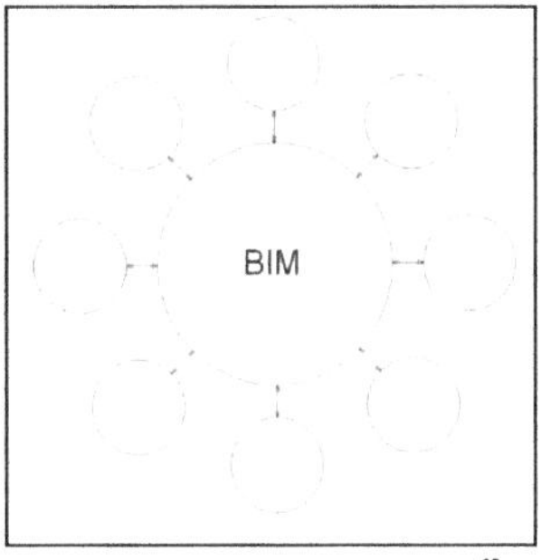

Abbildung 9: Zentrale Kommunikation[68]

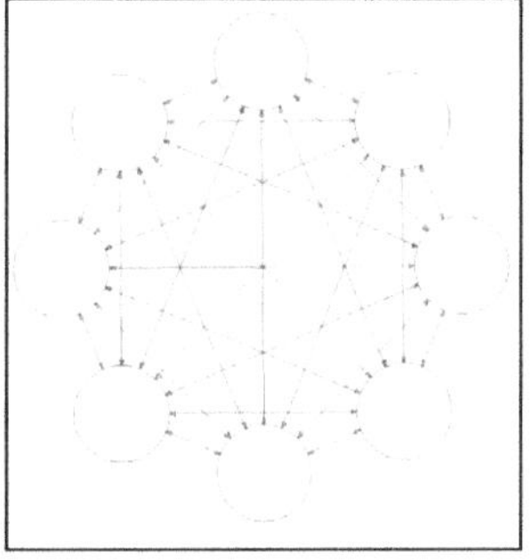

Abbildung 10: Zerstreute und dezentrale Kommunikation[69]

---

[68] http://www.schoeck-blog.de/wp-content/uploads//2014/02/Kommunikation_BIM-e1392880669153-457x259.jpg, modifiziert nach Kickstein, K. (2014), (09.11.2015)
[69] Ebd.

5.2 Ablaufplanung und Auswertung

Die gesamte Entwurfsplanung, basierend auf der Grundlagenermittlung und Vorplanung, ist der LP1 bis einschließlich LP3 einzuordnen. Am Anfang jener Bausanierung wird das Bauwerk vermessen. Die Bauwerksvermessung ist der wesentliche Bestandteil in der *Bestandsaufnahme*. In diesem Schritt werden in der Praxis zweidimensionale Grundrisse, Schnitte und Ansichten in Bezug auf den Bestand und der Ausführung zum Bestandsgebäude mit Hilfe von einer CAD-Software erstellt.

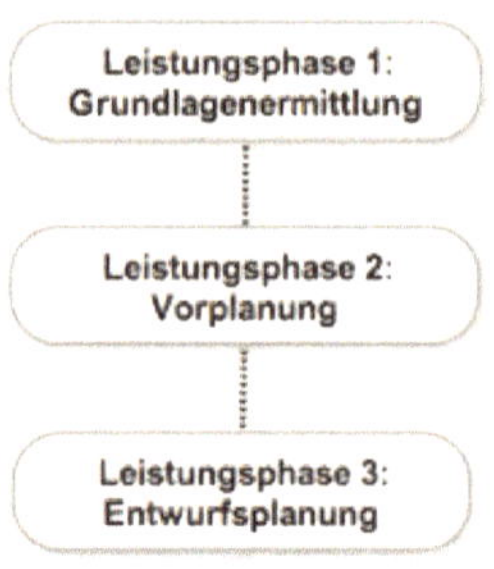

Abbildung 11: Entwurfsplanung nach HOAI[70]

Im Gegensatz zur konventionellen Bauwerksvermessung wird bei der Arbeitsweise mit BIM ein 3D-Bauwerksmodell als Grundlage verwendet. Zusätzlich müssen im BIM-Modell nicht-geometrische Zusatzinformationen implementiert werden in Bezug auf die Bauteile und die Beziehung zu anderen Bauelementen. Um das Arbeiten mit BIM zu gewährleisten muss somit eine hohe Detailgenauigkeit und geometrische Kongruenz vom Bestandsgebäudes und der Bestandszeichnung vorhanden sein. Das Erfassen des Bestandsgebäudes mit BIM kann mit einer neuen Modellerstellung oder eine der genannten Verfahren zur Abbilderstellung begonnen werden. Die Tachymetrie und das Laserscanning besitzen durch das genaue Erfassen von Einzelpunkten durch die Anwendung vom Laser eine hohe geometrische Kongruenz. Die Fotogrammmetrie dagegen bietet durch das Vermessen im Bild selbst eine nicht so hohe geometrische Kongruenz wie die Ausmessung des Bestandsgebäudes mit einem Laserstrahl. Die Fotogrammmetrie dagegen bietet im Gegensatz dazu

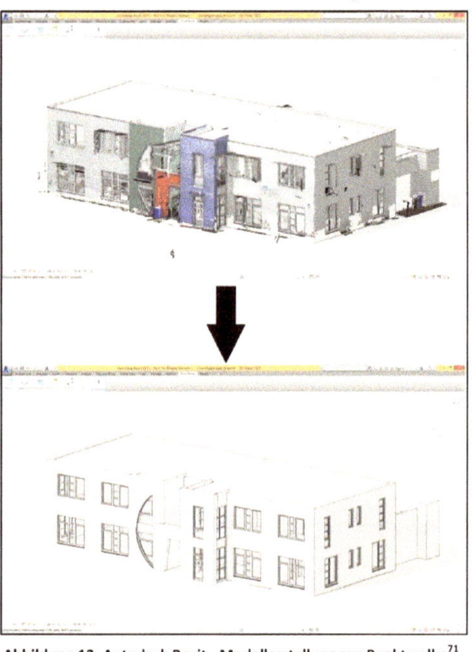

Abbildung 12: Autodesk Revit - Modellerstellung aus Punktwolke[71]

---

[70] Eigene Darstellung in Anlehnung an §34 Abs. 3 HOAI

[71] Modifizierte Darstellung in Anlehnung an Hohimer, B. (2015),
URL: http://www.uslaserscanning.com/pointsense-for-revit,
US Laser Scanning Inc., (09.11.2015)

eine höhere Detailgenauigkeit, da gewisse Details mit den Bildausschnitten aus den Messbildern ergänzt werden. Das Laserscanning und die Tachymetrie nutzen die selbe Messtechnik, wobei das 3D-Laserscaning eine höhere Dichte von Messpunkten aufnimmt und diese auf Grund der Differenzierung der Helligkeiten farblich strukturiert. Eine optimale Ausgangslage bietet daher die Kombination aus der Laserscan-Methode und der Fotogrammetrie, weil damit eine zugleich hohe Detailgenauigkeit und geometrische Kongruenz erreicht wird. Das Ergebnis der Messungen ergibt sich in einer Punktewolke des Bestandsgebäudes. Die Punktwolke wird als Datei im pcg-Format in Autodesk Revit importiert und bildet den Ist-Zustand des Bestandsgebäudes zur Modellerstellung. Nach gründlicher Datennachbearbeitung und Optimierung entsteht aus dem Punktwolkenmodell ein solides 3D-Modell für die Planung. [72]

Die Modellierung des Bestandsgebäudes basiert hauptsächlich auf zwei Optionen. Die erste Option beruht auf Grundlage der Bauwerksvermessung zum resultierenden 3D-Modell. Die zweite Option ist der Import von bestehenden zweidimensionalen CAD-Dateien, die mit Nachbearbeitung zu einem grafischen 3D-Modell entwickelt werden kann. Das gesamte Bestandsgebäude existiert in Revit als eine Projektdatei in der sich alle Daten und Zeichnungen inklusive dem 3D-Modell befinden. Zu diesem Zeitpunkt befindet sich das Modell in der Vorentwurfsphase. Ein BIM-Entwurf besteht aus dem Ansichtsbereich und der Datenbank, in der die parametrischen Informationen gespeichert sind. Im gegenwärtigen Zustand ist somit nur das 3D-Modell und die einzelnen Pläne als grafische Visualisierung im Projektbrowser vorhanden[74]. Im Modell-Bereich werden in diesem Schritt die Bauelemente zu Kategorien eingeteilt, um eine

Abbildung 13: Projektbrowser[73]

Gliederungsstruktur zu den einzelnen Elementen herzustellen. Es wird somit eine vorhandene Wand im Modellbereich zu der Kategorie Wand zugeordnet. Innerhalb einer Kategorie wird weiterhin differenziert. In der Kategorie Wand bekommt das jeweilige Bauobjekt eine weitere Unterteilung in Außen- und Innenwand mit verwendetem Werkstoff wie beispielsweise Stahlbeton. Die Parametrik in den Eigenschaften einzelner Bauelemente definiert die Eigenschaft eines Bauteils. Es können je nach Nutzung im weiteren Gliederungsverfahren auch individuelle Kategorisierungen, wie beispielsweise Raum-, Tür- und Fensterlisten, erstellen werden. Das Resultat der Strukturierung wird in Revit tabellarisch in einer Bauteilliste wiedergegeben.

---

[72] Siehe Abbildung 11
[73] URL: http://help.autodesk.com/cloudhelp/2015/DEU/Revit-GetStarted/images/GUID-09FA84AD-59CC-4DAB-90DF-2CA6CD62A139.png, Autodesk Inc., (09.11.2015)
[74] Siehe Abbildung 12

Die entscheidenden zu sanierenden Bauelemente werden in der Bauwerksanalyse diagnostiziert. BIM verhilft bei der Bauwerksanalyse in Bezug auf die Lokalisierung und Markierung der geprüften und zu prüfenden Stellen. Die Vereinfachung besteht im Umstieg von 2D auf 3D, da durch die dreidimensionale Darstellung eine bessere Visualisierung des Bestandsgebäudes entsteht. In der bauphysikalischen Analyse kann BIM beispielsweise die lokalen Stellen, aus der Bohrkernproben entnommen worden sind, markieren und dazu die Messinformationen mit Fotomaterial sichern. Eine größere Rolle kann BIM in Bezug auf die Tragswerksplanung einnehmen. In der Praxis erfolgt eine Berechnung der Statik extern, sodass ein erhöhter Arbeitsaufwand verursacht wird. Die Tragwerksplaner müssen anhand der Zeichnungsmaterialien und Informationen zu den einzelnen Bauelementen Berechnungen durchführen und diese dann weiterübermitteln. Dieser Ablauf unterscheidet sich in der Arbeitsweise mit BIM. Zum Erstellen der prüffähigen Statik wird hierbei keine weitere Software benötigt. Revit von Autodesk bietet beispielsweise eine implementiere Prüfung der Statik an, sodass es nicht notwendig ist eine Software vom Drittanbieter zu verwenden. Um die Standsicherheit des Gebäudes zu ermitteln wird ein geometrisches und analytisches Modell benötigt[75]. Das geometrische Modell ist das 3D-Modell, welches aus Bauwerksvermessung erstellt worden ist. Im analytischen Modell wird die Statik des Gebäudes berechnet und die Nachweise geprüft. Der Unterschied zur herkömmlichen Tragwerksplanung ist, dass das analytische Modell mit dem geometrischen Modell in der gleichen Datenbank verwaltet werden, so dass kein doppeltes Arbeitsaufkommen beim Erstellen des analytischen Modells entsteht. Jede Änderung am geometrischen Modell wird im analytischen Modell adaptiv mitverändert. Durch aufgenommene Schadstellen kann mit Hilfe von BIM eine bessere Beurteilung durch einen Tragwerksplaner erfolgen. Sobald das Modell erstellt und die Bauwerksanalyse praktiziert worden ist folgt die Entscheidung auf Planungsmaßnahmen hinsichtlich des Bestandsgebäudes.

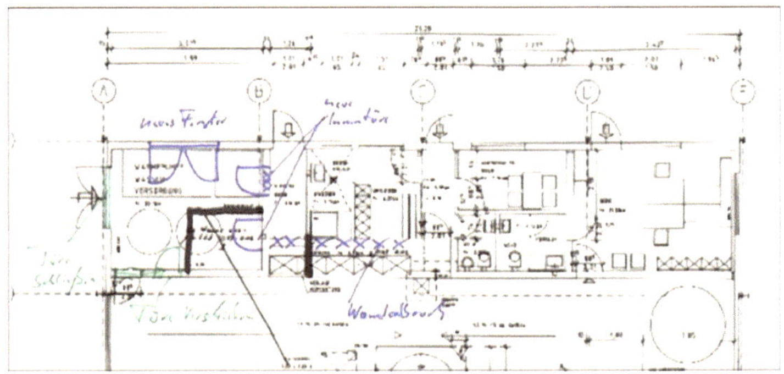

Abbildung 14: Umbau eines Bürotraktes einer Halle[76]

---

[75] Vgl. André Borrmann u.a. (2015), S. 284
[76] André Borrmann u.a. (2015), S. 373

In den meisten Planungsbüros, die auf die Verwendung der BIM-Technologie verzichten, wird die Planung von Sanierungen mit ausgedruckten Plänen bearbeitet[77].

Um aus der Bestandsaufnahme und Bauwerksanalyse eine Kostenaufstellung zu erstellen ist es notwendig Vorüberlegungen zu treffen. In diesem Schritt spekulieren die Baubeteiligten über die Maßnahmen die im Bestand eintreffen. Hierzu ist es möglich in Revit entsprechende Phasen für die aktuelle Baumaßnahme zu erstellen. Beim BiB erstellt der Anwender somit eine „Phase 0", um den Bestand darzustellen und markiert

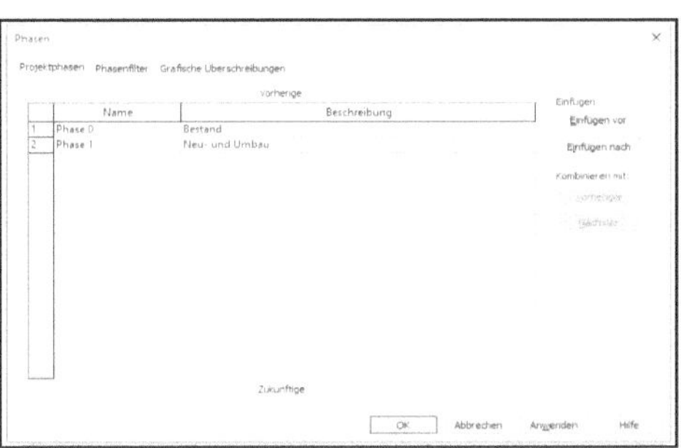

Abbildung 15: Autodesk Revit – Phasen[78]

dazu die einzelnen Bauobjekte. Im weiteren Schritt der Vorplanung muss eine „Phase 1" erstellt werden, um Objekte darzustellen die neuhergestellt oder umgebaut werden müssen. In dieser Phase werden jegliche Zeichnungen vorgenommen, inklusive der Abbrucharbeiten. Um spätere Veränderungen besser darzustellen gibt Revit den Phasenfilter. Der Phasenfilter ist ein Werkzeug mit der man die Objekte aus einzelnen Phasen ein- und ausblenden kann. Die Planungsmaßnahmen aus der Leistungsphase 2 der HOAI werden in der „Phase 1" in Revit eingezeichnet. In der „Phase 1" kann somit eine Variantenplanung im selben Modell erfolgen, in dem die Planer optionale Möglichkeiten miteinander vergleichen und dem Bauherren vorstellen. Im Unterschied zum Neubau kommt beim BiB in Revit das Abbruchswerkzeug zum Vorschein. Hierbei werden in „Phase 1" die Bauelemente, die abzubrechen sind mit dem Abbruchswerkzeug markiert. Autodesk Revit bietet über die Entwurfsoptionen die Möglichkeit bestimmte Objekte in eine Variante einzuordnen. Ein Beispiel hierfür ist die Planung des Erdgeschosses eines Kongresszentrums. Die eine Variante ist die Ausführung des Erdgeschosses in Einzelbüros und die zweite Variante die Ausführung in ein Großraumbüro.

---

[77] Siehe Abbildung 15: Autodesk Revit - Phasen
[78] Bildschirmausschnitt, Programm: Autodesk Revit 2016

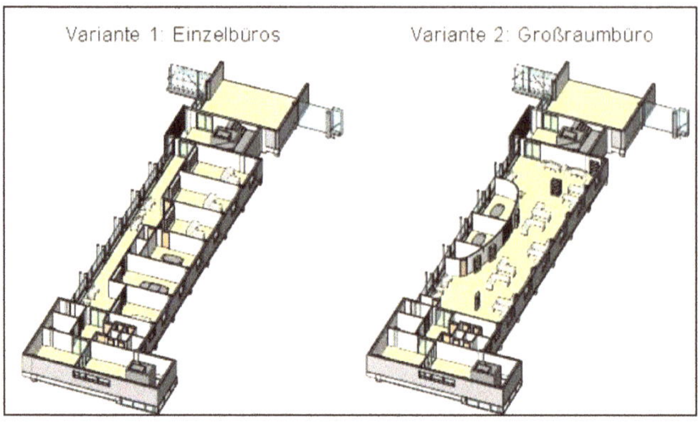

Abbildung 16: Variantenplanung[79]

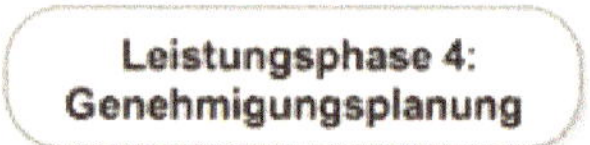

Im Rahmen der Genehmigungsplanung an einem Bestandsgebäude muss eine Genehmigung durch die Baugenehmigungsbehörde beantragt werden. Wenn die Struktur des Tragwerks des Bestandsgebäudes oder Teile des Objektes unter Denkmalschutz stehen muss vorerst die jeweilige Behörde die jeweilige

Abbildung 17: Genehmigungsplanung nach HOAI[80]

Maßnahme absegnen. In der Praxis werden die Planer zu Veränderungen der Sanierungsmaßnahme gezwungen, da Teile der Planinhalte nicht rechtskonform sind. In diesem Falle entsteht ein Mehraufwand durch Planungsänderung.[81]

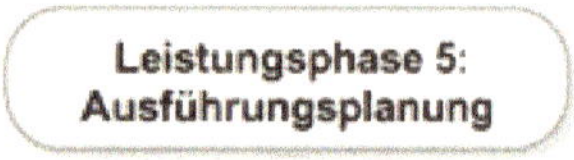

Wenn die Genehmigungsplanung abgeschlossen ist und die Ausführungsplanung beginnt werden konventionell via CAD-Software[82] Ausführungs- und Detailzeichnungen angefertigt. Die Ausführungs- und Detailzeichnungen basieren auf den Vorüberlegungen der Planungsmaßnahme. Bei Bauzeichnungen, die

Abbildung 18: Ausführungsplanung nach HOAI[83]

sich mit der Bausanierung bzw. Restaurierung von Bestandsgebäuden beschäftigen dient die DIN ISO 7518 als Regelwerk. Die Norm „DIN ISO 7518: Vereinfachte Darstellung von Abriss und Wiederaufbau" ist aufgegliedert in einer Arbeitsweise mit zwei Zeichnungen je Ansichtsdarstellung.

---

[79] URL: http://www.acadgraph.de/fileadmin/bilder/Produkte/Bau%20und%20Architektur/revitarch_10gruende.pdf, Mensch und Maschine acadGraph GmbH, (09.11.2015)
[80] Eigene Darstellung in Anlehnung an §34 Abs. 3 HOAI
[81] Vgl. http://www.bauratgeber-deutschland.de/hausbau-planung/hausbau-umbau-ausbau-modernisierung/5744-umbauten-mit-oder-ohne-baugenehmigung, evianet GmbH (09.11.2015)
[82] Bspw. AutoCAD von Autodesk
[83] Eigene Darstellung in Anlehnung an §34 Abs. 3 HOAI

Die Bestandszeichnungen, die das gegenwärtige Gebäude mit der zu verändernden Bauelemente enthält und die neue Bauzeichnung die den Soll-Zustand des Gebäudes nach der Bausanierung darstellen soll.[84] In der Praxis werden die Planungsmaßnahmen, die vom Bauherrn zugestimmt worden sind anhand der Handskizzen in einer CAD-Software gezeichnet.

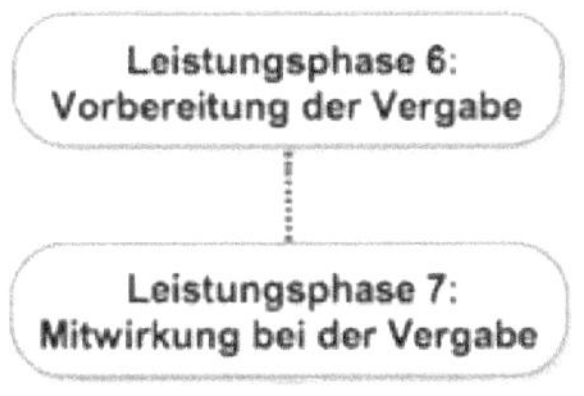

Abbildung 19: Variantenausführung[85]

Die Arbeitsweise mit BIM besitzt in der Hinsicht einen Konfliktpunkt mit der Vorgehensweise nach HOAI, da die Ausführungsplanung auf Grund der Kostenschätzung und Kostenfeststellung parallel zur Entwurfsplanung geführt wird. Anhand der verschiedenen Möglichkeiten werden Variantenkonstruktionen modelliert, die sich im Projektbrowser[86] befinden und dem Bauherrn vorgestellt. Wenn beispielsweise, bedingt vom Bestand, die Variante Einzelbüros effizienter ist, kann durch das Hinzufügen einer „Phase 2" die Ausführung übernommen werden. Um die anderen Variante nicht zu Löschen kann mit dem Phasenfilter von Revit gearbeitet werden. Der Phasenfilter erlaubt es dem Nutzer verschiedene Elemente ein- und auszublenden, basierend auf dem Phasenstatus, so dass die Variante nicht mehr angezeigt wird. In den Bauteillisten entfernt man jegliche Darstellung der „Phase 1" somit und geht in die „Phase 2" über. Die Arbeit an den Ausführungs- und Detailzeichnungen ist hierbei identisch, wobei in Revit mit einem Gebäudemodell, bestehend aus mehreren 2D- und 3D-Ansichten, gearbeitet wird anstatt mit mehreren Zeichnungen. Im letzten Planungsschritt wird mit Hilfe der in Revit verfügbaren Kollisionsprüfung die miteinander unvereinbaren Elemente angezeigt. Hierbei kann beispielsweise ein Lüftungsrohr aus dem Bereich der TGA sich mit einem Bauelement überschneiden.

Die Ausschreibung anhand einer Leistungsbeschreibung mit LV ist im Bauwesen das Synonym für die Leistungsphasen 6 und 7 der HOAI. In diesem Schritt verwendet man herkömmlicherweise eine AVA-Software wie beispielsweise ARRIBA der RIB Software AG[87].

Abbildung 20: Ausschreibung und Vergabe nach HOAI[88]

---

[84] DIN ISO 7518:1986-11, Abschnitt 5

[85] URL: http://www.acadgraph.de/fileadmin/bilder/Produkte/Bau%20und%20Architektur/revitarch_10gruende.pdf, Mensch und Maschine acadGraph GmbH, (09.11.2015)

[86] Siehe Abbildung 19: Variantenausführung

[87] Siehe Abbildung 21: RIB ARRIBA - Benutzeroberfläche

[88] Eigene Darstellung in Anlehnung an §34 Abs. 3 HOAI

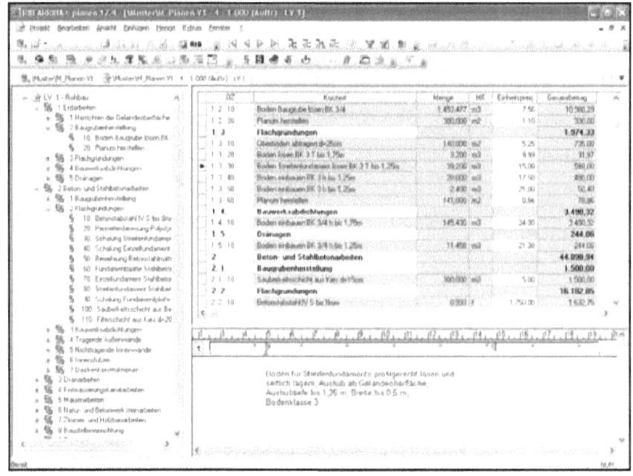

Abbildung 21: RIB ARRIBA – Benutzeroberfläche[90]

In diesem Prozess wird das Leistungsverzeichnis anhand von vorgefertigten VOB-gerechten Vorlagen erstellt. Der Planer muss hierbei manuell mit Hilfe von Zeichnungen normgerecht[89] die einzelnen Leistungsbeschreibungen in einem LV zusammenstellen. Der Softwarehersteller Autodesk bietet hierbei keine direkte Anbindung an die Software Revit zum Erstellen einer Leistungsbeschreibung mit LV.

Daher bietet Revit den Export der Datenbank des Gebäudemodells an. In diesem Prozess verwenden viele Unternehmen die baubetriebliche Software iTWO der RIB Software AG. Hierbei wird die CPI-Schnittstelle zur Übertragung der Projektdaten verwendet. Nach der Datenübertragung in iTWO erscheint eine dreidimensionale Übersicht über die Baumaßnahme. Das Bestandsgebäude wird hierbei komplett in iTWO angezeigt. Im Falle einer

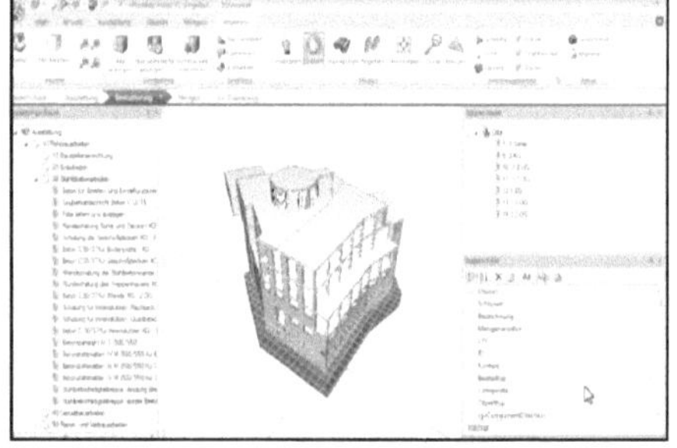

Abbildung 22: RIB iTWO – Bemusterung[91]

Bauerweiterung durch einen Anbau ist es möglich nur den Anbau in iTWO zu exportieren, da dieser wie ein Neubau behandelt werden kann. Innerhalb der Software bietet die Software iTWO dem Nutzer bereits wie bei einer nicht modellbasierten AVA-Software normgerechte Vorlagen zur Erstellung eines LV. Der Kern der BIM-Methode in der Ausschreibung liegt in der softwareinternen Funktion der Implementierung der Ausstattung. Hier entnimmt das Programm aus dem aus Revit erstellten 3D-Modells des Bestandsgebäudes die enthaltene Gebäudedokumentation zu Bauteilen und Mengen. Die Gebäudeinformationen werden als

---

[89] Nach VOB und STLB-Bau
[90] B+K Ingenieure,
URL: http://www.bwk-ingenieure.de/website/images/arriba/ARRIBA_planen.jpg
Zugriff: (09.11.2015)
[91] Bildschirmausschnitt aus YouTube-Video: „iTWO Tutorial in 9. Lektionen – M.Eng. Tobias Brinker",
URL: https://www.youtube.com/watch?v=iLd6mEKkE28 (09.11.2015)

Ausstattungsdokument des Gebäudemodells gekennzeichnet. Als letzten Schritt wird das vorher erstellte LV dem Ausstattungsdokument zugewiesen. In diesem Verfahren wird das Gebäudemodell mit den jeweiligen Positionen im LV bemustert, sodass die Software eine richtige Mengenabgabe abgeben kann. Die Bemusterung[92] erfolgt in eine manuelle modellbasierte Zuordnung der Bauelemente in der grafischen Darstellung. Hierbei wird via *Drag&Drop* die entsprechende Leistung im LV-Navigator[93] auf das entspreche Bauteil im 3D-Modell zugewiesen. In iTWO können als Hilfsstellung verschiedene Elemente im Objektfilter[94] ausgeblendet werden. Die Leistungsbeschreibung im LV wird mit Hilfe von vorgefertigten Leistungstexten von STLB-Bau oder beispielsweise DBD-Bau vervollständigt. Das Resultat ist eine vollständige Leistungsbeschreibung mit LV. Im Rahmen dieser Arbeit wird nach DIN 276 ein Kostenanschlag vom Planer für den Bauherrn erstellt, um die dritte Gliederungsebene für die Kostenberechnung aus den Ausführungsplänen zu erstellen. Der Kostenanschlag dient als Grundlage für die Vorbereitung der Vergabe.

Die Ausschreibung des Leistungsumfangs erfolgt *öffentlich*, *beschränkt* oder *freihändig*.[95] In dieser Gegenüberstellung wird eine *beschränke Ausschreibung* in Bezug auf Bestandsgebäude untersucht. In der herkömmlichen Ausschreibungs- und Vergabephase veröffentlicht der Auftraggeber, in der Regel der Bauherr, die Ausschreibung, um einen öffentlichen Teilnahmewettbewerb zu starten. Auf die Ausschreibung können jeweiligen Unternehmen einen Antrag Teilnahme zum Wettbewerb dem Auftraggeber versenden. Jeder ein die auf

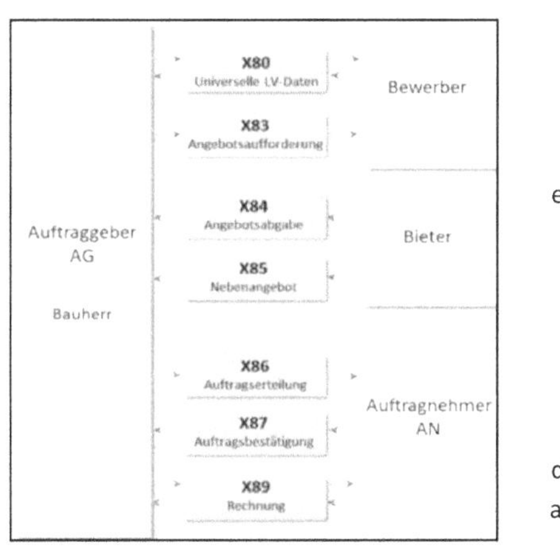

Abbildung 23: GAEB Austauschphasen[96]

Bewerber erhält Zugang zu den entsprechenden Vergabeunterlagen. Im nächsten Schritt wertet der Bauherr und recherchiert über potentielle Unternehmen, die über die technischen und fachlichen Voraussetzungen verfügen, die Gewerksarbeiten zu übernehmen. Die selektierten Unternehmen erhalten vom Bauherrn eine Angebotsaufforderung und müssen innerhalb der Angebotsfrist von mindestens 10 Tagen[97] ein Leistungsverzeichnis mit den jeweiligen EP und dem GP ergänzen. Die Angebotsphase ist beendet sobald der Auftraggeber die Ausschreibung eröffnet. In diesem Vorgang wird

---

[92] Siehe Abbildung 22: RIB iTWO – Bemusterung
[93] Siehe Abbildung 22: RIB iTWO – Bemusterung (linke Leiste)
[94] Siehe Abbildung 22: RIB iTWO – Bemusterung (Fenster – unten rechts)
[95] Vgl. Abschnitt 2.1.4
[96] http://www.gaeb.de/fileadmin/_processed_/csm_GAEB-DA-XML-3-2_5613d9f3d7.gif, DIN – GAEB (2013): „GAEB DA XML Austauschphasen – Übersicht", (09.11.2015)
[97] §10 Abs. 1 VOB/A

innerhalb von maximal 30 Tagen[98] ein Unternehmen für die entsprechende Gewerksarbeit gewählt und dem jeweiligen Unternehmen ein Zuschlag erteilt. Dieser Akt wird herkömmlich via Fax, postalisch, direkt oder elektronisch geregelt. In der Arbeitsweise mit BIM tritt eine Sonderform der elektronischen Informationsübermittlung ein. Im Bereich der elektronischen Informationsübermittlung verwenden die Baubeteiligten eine spezielle AVA-Software, wie beispielsweise ARRIBA mit der sie auch das Leistungsverzeichnis erstellt haben. Der Datenaustausch mit elektronischer Informationsübermittlung basiert auf einen einheitlichen Datenaustausch durch eine gemeinsame Schnittstelle. Die Software ARRIBA und die BIM-basierte Software iTWO unterstützen den Austausch von Leistungsverzeichnissen mit der GAEB-Schnittstelle. Zur Standardisierung führt GAEB einheitliche Datenaustauschphasen[99] ein. Die entsprechende Austauschphase wird hierbei durch die das Datenformat bzw. die Dateiendung beschrieben.

Im Rahmen der Leistungsphase 8 wird ein Zeitplan erst und anhand dieser die Baustelle durch den Bauleiter überwacht. Die reibungslose Zeit- und

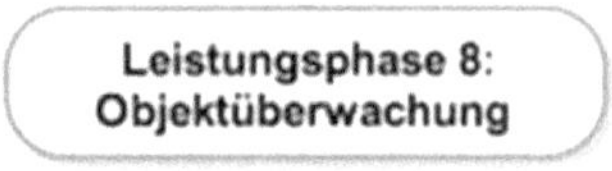

Abbildung 24: Objektüberwachung nach HOAI[100]

Arbeitskalkulation erfolgt im Auftrag der Planer konventionell durch manuelles Erstellen eines Balkendiagramms[101] oder Netzplans[102]. In diesem Vorgang wird nach Absprache der Baubeteiligten mit Hilfe der Software Microsoft Project gearbeitet.

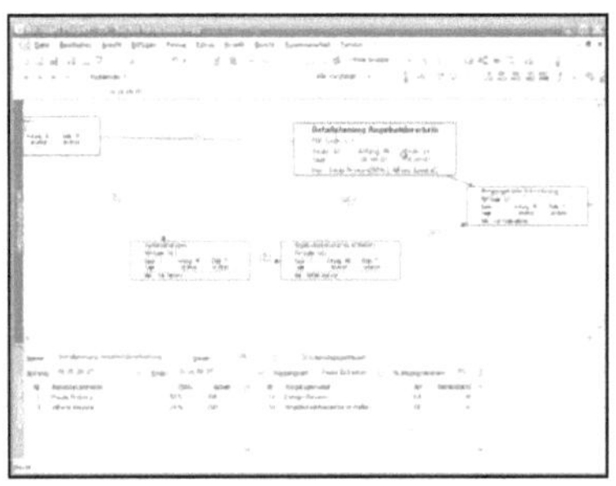

Abbildung 26: MS-Project – Netzplan[103]

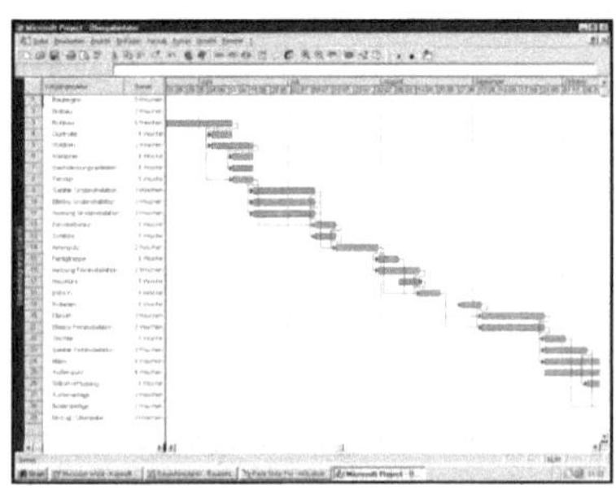

Abbildung 25: MS-Project – Balkendiagramm[104]

---

[98] §10 Abs. 6 VOB/A
[99] siehe Abbildung 23: GAEB Austauschphasen
[100] Eigene Darstellung in Anlehnung an §34 Abs. 3 HOAI
[101] Siehe Abbildung 25: MS-Project – Netzplan
[102] Siehe Abbildung 26: MS Project – Balkendiagramm
[103] Heise Medien GmbH & Co. KG, URL: http://1.f.ix.de/imagine/swvz-programme/TtUIyyiSxIxkQO41jCWi5QcuiWw/content/Microsoft-Project.jpg (09.11.2015)
[104] Paul (2003), URL: http://www.ibl.uni-stuttgart.de/fileadmin/veroeffentlichungen/paul_huff/Terminplanung_im_Wohnungsbau.htm (09.11.2015)

Mit dieser bekannten Standardlösung erstellen die Bauherren einen systematischen Plan, um die gegenseitigen Behinderungen innerhalb der verschiedenen Gewerksarbeiten zu verhindern. Die Zeit- und Arbeitsplanung wird im Projektmanagement mit der BIM-Arbeitsmethodik mit der Software iTWO erstellt.

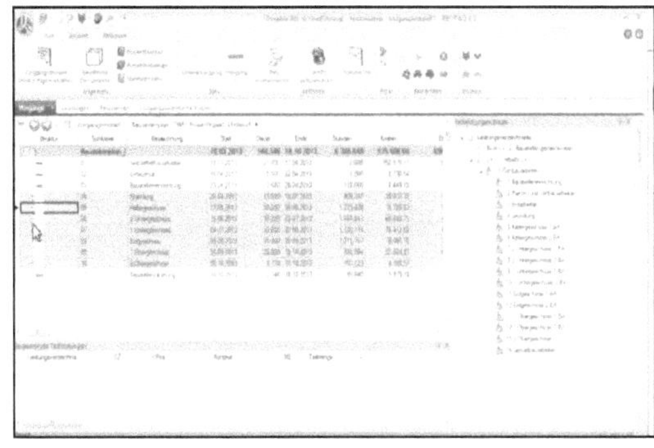

Abbildung 28: RIB iTWO – Ausführungsplanung[105]

Um in einem Vorgangsmodellüberzugehen muss der Planer die Phase Planung beenden und in die Ausführung übergehen. In diesem Prozess sperrt das Programm die Parameter aus der Planung, so dass sie nicht mehr modifizierbar sein. Danach erstellt der Anwender nach ein neues LV und strukturiert sie wie ein Arbeitsverzeichnis[106], mit den Positionen und Teilleistungen,

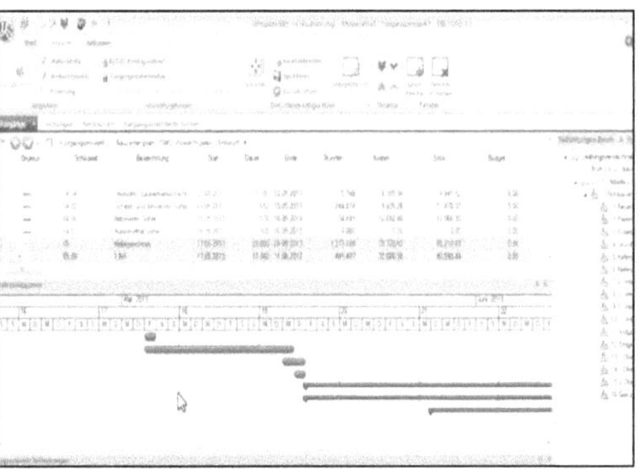

Abbildung 27: RIB iTWO – Zeitplan[107]

die für das Vorgangsmodell wichtig sind. Anhand des Arbeitsverzeichnisses findet eine Bemusterung statt wie im LV, um die jeweiligen Mengen der Positionen für die Bausanierungsmaßnahme zu berechnen. Als nächstes werden im Vorgangsmodell[108] Sammelvorgänge erstellt. Die Sammelvorgänge in der Ausführungsplanung können individuell strukturiert sein. Bei einer geschossweisen Strukturierung beinhaltet jeder Sammelvorgang die Bezeichnung der jeweiligen Geschossebene[109] und innerhalb des Sammelvorgangs befinden sich die Vorgänge[110], hier die zu sanierenden Bauelemente.

---

[105] Bildschirmausschnitt aus YouTube-Video: „iTWO Tutorial in 9. Lektionen – M.Eng. Tobias Brinker", URL: https://www.youtube.com/watch?v=iLd6mEKkE28 (09.11.2015)

[106] Siehe Abbildung 27: RIB iTWO – Ausführungsplanung (Rechte Leiste)

[107] Bildschirmausschnitt aus YouTube-Video: „iTWO Tutorial in 9. Lektionen – M.Eng. Tobias Brinker", URL: https://www.youtube.com/watch?v=iLd6mEKkE28 (09.11.2015)

[108] Siehe Abbildung 27: RIB iTWO – Ausführungsplanung (Linke Leiste)

[109] Bspw.: 1. OG

[110] Bspw.: Stützen, Wände etc.

Jeder Vorgang im Modell beinhaltet die Teilleistungen, die via *Drag&Drop* vom Arbeitsverzeichnis auf die jeweiligen Vorgänge zugeordnet werden. Wenn alle Vorgänge erstellt und erfolgreich verknüpft sind erfolgt die Zeitplanung. Das Zeitmanagement in iTWO basiert auf Vergleichswerte, die entweder aus einer Online-Datenbank oder aus eigenen Quellen stammen.

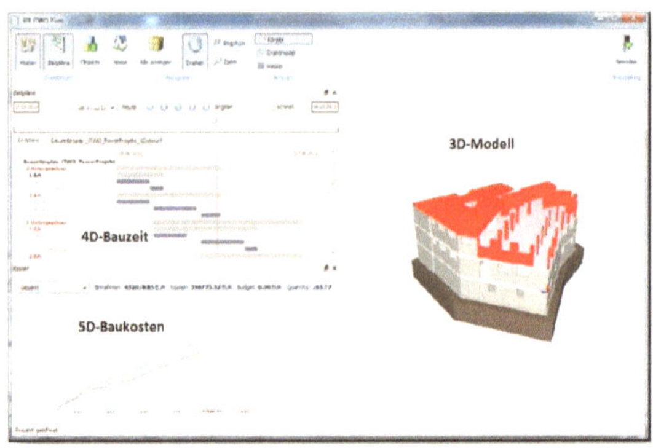

Abbildung 29: RIB iTWO – Simulation[111]

Durch eine Ansichtsoption zeigt das Programm als Resultat ein vollständiges Balkendiagramm[112] an mit dem die Bauausführung starten kann. Zur Kontrolle und Visualisierung des Bauablaufes können die Projektbeteiligten mit Hilfe von iTWO den Bauablauf simulieren. Die Simulation[113] startet mit dem Bestandsgebäude in der „Phase 0" und simuliert auf Grundlage des implementierten Zeitmanagements die chronologisch auszuführenden Arbeiten. Das Zeitmanagement und die Baukostenansicht werden parallel beim Simulieren des Bauvorgangs dem Nutzer gezeigt. Die Simulation bietet den endgültigen Übergang in die Bauphase. In der Bauausführungsphase spielt die Projektsteuerung, das Mängelmanagement und das Bautagebuch eine große Rolle für das Resultat. Im Thema Projektsteuerung werden konventionell mit Hilfe einer AVA-Software die Ereignisse, die sich während des Bauablaufes ereignen in Form von Nachträgen verwaltet. Das Programm kann anhand der Nachträge somit die Baumaßnahme via Soll-Ist-Vergleichen kontrollieren, um weitere Entscheidungen zum Thema Kosten und Baumaßnahmen zu treffen. Im Thema Mängelmanagement wird nach Beenden oder während der Arbeiten eines Gewerkes eine Untersuchung der jeweiligen Teilleistungen veranlasst, indem verschiedene Baumängel aufgenommen werden. Die Dokumentation der jeweiligen Baumängel erfolgt jeweils schriftlich oder elektronisch und wird im jeweiligen Vertrag in Rechnung getragen. Das Bautagebuch zur täglichen Erfassung der Arbeiten an der Baumaßnahme wird in der Praxis anhand des Formblatts 411 des Vergabe- und Vertragshandbuches für die Baumaßnahmen des Bundes elektronisch oder schriftlich geführt. Nach erfolgreicher Bauabnahme wird eine Kostenfeststellung nach DIN 276 erfasst. In der Kostenfeststellung werden die tatsächlich

---

[111] Bildschirmausschnitt aus YouTube-Video: „iTWO Tutorial in 9. Lektionen – M.Eng. Tobias Brinker",
URL: https://www.youtube.com/watch?v=iLd6mEKkE28 (09.11.2015)
[112] Siehe Abbildung 28: RIB iTWO – Zeitplan
[113] Siehe Abbildung 29: RIB iTWO – Simulation

entstandenen Kosten dokumentiert und in der Schlussrechnung erfasst. Die tatsächlichen Mengen werden bei Abweichung von der Menge im LV nach VOB reguliert[114].

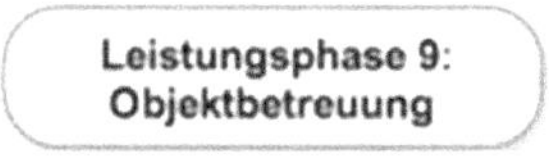

Die LP 9 beschreibt die Betreuung des Bestandsgebäudes und beinhaltet als Grundleistung die Betreuung nach Abnahme. Die Objektbetreuung besteht im einen Teil aus der Zusammenstellung der zeichnerischen und rechnerischen Darstellungen. In der Praxis wird jedes Dokumentelement in gedruckter Form oder in elektronischer Form archiviert. Die Arbeitsweise mit BIM bedarf in diesem Schritt keine weiteren Tätigkeiten, da alle Dokumentationselemente in Bezug auf Zeichnung und Rechnung sich in der Projektdatei befinden. Derzeit teilt sich das Projekt auf Grund fehlender Werkzeuge auf baubetrieblicher Ebene in zwei Dateien. Das gesamte Projekt ist somit gespalten in einer iTWO-Datei und einer Revit-Datei. Die weiteren Leistungen in dieser Phase werden anhand des Planers in Form einer Mängelerfassung geführt, die anhand einer Objektbegehung nach Verjährungsfrist stattfindet.

Abbildung 30: Objektbetreuung nach HOAI[115]

---

[114] §2 Abs. 3 VOB/B

[115] Eigene Darstellung in Anlehnung an §34 Abs. 3 HOAI

In der LP 1 bis einschließlich LP 5 entsteht durch die Modellierung und Planerstellung des Bestandsgebäudes ein höheres Arbeitsaufkommen mit BIM im Vergleich zur konventionellen Planung in 2D mit einer CAD-Software. Durch das erhöhte Arbeitspaket in den Planungsphasen verringert sich jedoch die baubetrieblichen Aufgaben im Rahmen der Vergabe in der LP 6 und LP 7, da durch das Bauwerksmodell eine genaue modellbasierte Mengenermittlung stattfindet. Die externe Mengenermittlung über ausgedruckte Plänen erhält eine höhere Fehlerquote und kann keine Genauigkeit in der Massenermittlung garantieren. In der Objektüberwachung[116] basiert die Ausführung der Baumaßnahme auf den Inhalten der vorherigen Leistungsphasen. In der Praxis ergibt sich in dieser LP ein hohes Risiko beim Mängelmanagement, da bei der Ausführung nicht berücksichtigte Kriterien aus der Planungsphase eintreten. Ein reales Beispiel ist die Mängelliste aus dem Projekt des Berliner Flughafen. Insgesamt kann die konventionelle Planung zu einer Bauzeitverlängerung führen, wenn der Umfang des Mängel- und Nachtragsmanagement in einem hohen Umfang auftritt. Mit der BIM-Methodik ändert sich die gesamte Arbeitsweise am Bestandsgebäude, da das Projekt durch die Transparenz der Projektdatei zu einer vereinfachten Zusammenarbeit führt. Die Bauausführung kann vor der eigentlichen Praxis in BIM simuliert werden, sodass in Bezug auf das Zeitmanagement vor der Realisierungsphase das Projekt virtuell veranschaulicht werden kann.

Abbildung 31:Aufwands- und Kostenvergleich[117]

In der Praxis entsteht durch die 2D-Planung ein Faktor an unbekannten Kosten, die während der LP 8 auftreten. Durch BIM werden die Kosten durch eine Aufwands– und Kostenverlagerung in der Planungsphase und frühzeitigen Entscheidungen in den LP 5 bis LP 8 reduziert. Die Ausführungsplanung ist hierbei vom Mehraufwand nicht betroffen, da zu diesem Zeitpunkt bereits ein erstelltes Modell des Bestandes vorliegt und die

---

[116] LP 8
[117] Eigene Darstellung in Anlehnung an §34 Abs. 3 HOAI

5. Gegenüberstellung und Auswertung

Ausführungsplanung anhand von entschiedenen Planungsmaßnahme nur wenige Arbeitsschritte erfordern. Der entscheidende Vorteil liegt darin, dass sich die meisten Entscheidungen, die konventionell in der Bauüberwachung auftreten sich bereits in der Planung klären lassen. Durch den Einsatz mit BIM kann somit eine bessere Planung zu einem niedrigen Mängel- und Nachtragsmanagement führen. Dieses neue Format im Bauwesen führt zu einer präziseren Arbeit und erfolgreicher Bauabnahme.

5.3 Kostenplanung und Auswertung

Die Kostenermittlung besteht in der Bauplanung aus fünf Stufen nach DIN 276. Die erste Stufe in der Kostenermittlung erfolgt beim Erstellen eines Kostenrahmens in der Grundlagenermittlung. Dieser basiert hauptsächlich auf die qualitativen und quantitativen Bezugsinformationen zum Soll-Zustand des Bestandsgebäudes wie z.B. ein Raumprogramm mit Nutzeinheiten oder bautechnische Anforderung, die das Gebäude erfüllen muss. Ein weiterer Bestandteil des Kostenrahmens kann die Angabe zum

Abbildung 32: Konventionelle Mengenermittlung[118]

Standort sein.[119] Der Kostenrahmen erfolgt vor der Entwurfsplanung und nimmt keinen direkten Bezug auf zeichnerische Elemente des Soll-Zustandes. In der Praxis gibt der Bauherr dem Entwurfsverfasser eine verbindliche Kostenvorgabe. Der Planer ermittelt in der Praxis handschriftlich oder via AVA-Software anhand von Vergleichswerten aus Preisbüchern[120] den überschlägigen Preis für die gesamte Baumaßnahme und passt sie adaptiv an die BGF des Bedarfsobjektes an. Der gesamte Kostenrahmen ergibt sich auf Grundlage der DIN 276 in die erste Gliederungsebene KG 100 bis einschließlich KG 700. Nach der Bestandsaufnahme erfolgt die Kostenschätzung mit ersten Bezug auf das Bestandsgebäude.

Zusammenstellung der Kosten nach DIN 276		
Kostengruppe	Teilbetrag [€]	Gesamtbetrag [€]
Summe 100 – Grundstück		
Summe 200 – Herrichten und Erschließung		
Summe 300 – Bauwerk-Baukonstruktionen		
Summe 400 – Bauwerk- Technische Anlagen		
Summe 500 – Außenanlagen		
Summe 600 – Ausstattung und Kunstwerke		
Summe 700 – Baunebenkosten		
Gesamtkosten	Summe	

Tabelle 1: Kostenzusammenstellung nach DIN 276[121]

---

[118] SOFTTECH GmbH (2010),
URL: http://www.dailynet.de/_images/pmages/8053/2747/d1071492182b6c8d05710c5ee5c815fd.jpg.orig
Zugriff: 09.11.2015
[119] Vgl. DIN 276-1:2008-12, 3.4.1
[120] Bspw. Baupreislexikon
[121] Eigene Darstellung in Anlehnung an DIN 276-1:2008-12, 4.1

Mit Hilfe der Bestandsinformationen[122] werden die Vergleichswerte dem aktuellen Zustand des Objektes mit Hilfe von Flächenangaben angepasst. Die ersten beiden Stufen der Kostenermittlung nehmen keinen direkten Bezug auf zeichnerischen Elemente des Bestandsgebäudes und bieten keine Relation zur BIM-Arbeitsmethodik. Nachdem die erforderlichen Zeichnungen anhand von Planungsmaßnahmen zum Soll-Zustand erstellt worden sind erfolgt eine Mengenermittlung als Grundlage für die Kostenberechnung in der LP 3. Die Mengenermittlung ist der Eingangsparameter für die Kostenermittlung. In der Praxis erfolgt diese Aufnahme per Hand[123] oder anhand einer Tabellenkalkulationssoftware[124] mit ausgedruckten Plänen. Die Einteilung der Arbeiten in die jeweilige Gewerkarbeit muss dabei manuell erfasst werden. Bei der Kostenberechnung nach DIN 276 werden einzelne Prozesskategorien in die Kostengruppen eingeteilt und aufsummiert zu den Gesamtkosten der Bausanierungsmaßnahme[125]. Hierbei muss eine Strukturierung der Kosten in die mindestens zweite Gliederungsebene erfolgen[126].

Mit BIM erfolgt die Mengenermittlung modellorientiert und kann software-intern mit Hilfe von Revit ermittelt werden. Da das BIM-Projekt sich auf die konstruktiven Details der Baumaßnahme fixiert, besitzt sie nicht die gleiche Gruppierung der Bauobjekte wie die in der DIN 276. In diesem Prozess muss eine intelligente Markierung der einzelnen Objekte aus „Phase 1" in Revit erfolgen. Die Gruppierungen aus der Kostenplanung in DIN 276 können anhand von Bauteilliste mit selektierten Parametern erfolgen, wobei die Kostengruppen 100, 200, 500, 600 und 700 keine Verbindung zum BIM-Modell haben. Die Kostengruppen 300 und 400 umschließen die Arbeiten am Bauwerk und müssen identisch im BIM-Modell unter dem Typenparameter der Bauelemente deklariert werden. Innerhalb der Kostengruppe werden im Regelwerk Anmerkungen zu jedem Element gemacht und bieten Rückschlusse auf die zu markierenden Objekte in Revit. Als Beispiel befindet sich in der Gliederungsebene Außenwände[127] die untergegliederte Gruppe „Tragende Außenwände". In der Anmerkung befindet sich die Beschreibung zu den auszuwählenden Elementen, hier die tragenden Außenwände einschließlich horizontaler Abdichtungen[128]. Um zu kontrollieren, ob die richtigen Markierungen erfolgt sind, kann in der Ansicht des 3D-Modells überprüft werden. Revit bietet in dem Gesichtspunkt die Möglichkeit anhand einer Legende gewählte Objekte grafisch sichtbar zu machen. Die tabellarische Kostenberechnung mit EP und GP gibt Revit als Bauteilliste an. Die Bauteillisten sind dabei automatisierte Listen, die parallel während der Modellbearbeitung und -Erstellung geführt werden. Im Beispiel der Variantenplanung werden somit parallel zu jeder Variante Bauteillisten geführt, die dem Bauherrn einen Kostenvergleich bieten. Die Felder, die in der Bauteilleiste vorhanden sein sollen, sind hierbei individuell gestaltbar. Die alternative Methode zur Kostenschätzung ist das

---

[122] Bspw.: BGF, NF, BRI

[123] Siehe Abbildung 32: Konventionelle Mengenermittlung

[124] Bspw. Microsoft Excel

[125] Siehe Tabelle 1: Kostenzusammenstellung nach DIN 276

[126] Vgl. DIN 276-1:2008-12, 3.4.3

[127] Vgl. DIN 276-1:2008-12, Tabelle 1 - Kostengruppe 330 – Außenwände

[128] Vgl. DIN 276-1:2008-12, Tabelle 1 - Kostengruppe 331

Exportieren des Modells und der Datenbank aus der Projektdatei in die baubetriebliche BIM-Planungssoftware iTWO. Wenn die Bausanierungsmaßnahme genehmigt worden sind und das Projekt sich in Ausführungsphase befindet beginnt die Erstellung eines Kostenanschlags. Der Kostenanschlag erweitert die Gliederungsstruktur um eine Ebene und präzisiert die Kosten anhand der Ausführungsplanung. In der Praxis werden mit Hilfe der genutzten Software Mengenänderungen und Nachträge in der genutzten Software erstellt. Die Fertigstellung des Kostenanschlags erfolgt in der LP 7 und dient als Hilfsinstrument in der Vergabe. Die letzte Stufe ist die Kostenfeststellung und ist Bestandteil der Objektüberwachung gemäß LP 8. In der Praxis werden anhand von Belegen[129] und Plänen aus der Bauausführung Änderungen der jeweiligen Mengen, Nachträge und Mängel erfasst und in der genutzten EDV-Software eingetragen. Mit der modellbasierten Arbeitstechnik BIM erfolgt die selbe Arbeitsstruktur in der Erstellung eines Kostenanschlags und einer Kostenfeststellung. Während der gesamten Leistungsphasen erfolgt eine Kostenkontrolle und- Steuerung, die anhand von Soll-Ist-Analysen geführt werden kann. Die traditionelle Arbeitsweise unterscheidet sich in dem Punkt nicht stark mit der BIM-Arbeitsmethodik.

Die Kostenplanung unterscheidet sich insgesamt nur in der Modellphase. Die Modellphase ist das Zeitfenster, in dem sich das Modell zur Ermittlung von Kosten bereitstellt. Die Modellphase beginnt ab der LP 3 mit dem digitalen Abbild des Bestandsgebäudes. Der Kostenrahmen und die Kostenschätzung haben keinen Unterschied in der Erstellung, da BIM eine modellbasierte Arbeitstechnik ist. Die Kostenberechnung ist die erste mögliche Kostenermittlung in der Modellphase.

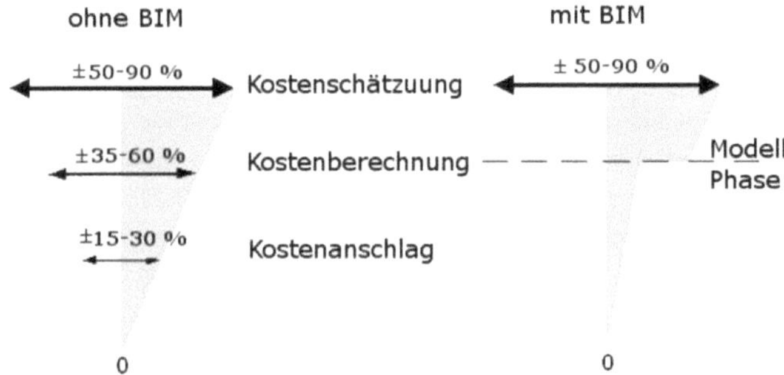

Abbildung 33: Auswertung der Kostenplanung[131]

Der wesentliche Einsparungspunkt in der Kostenplanung ist die modellbasierte und automatische Mengenermittlung nach Bemusterung des 3D-Modells, da die manuelle Mengenermittlung via ausgedruckter Pläne ein großen Zeitaufwandsfaktor und eine hohe Fehlerquote beansprucht. BIM verspricht während der Kostenermittlung eine konstante und

---

[129] Bspw.: Abrechnungsbelege
[130] Eigene Darstellung in Anlehnung an Neddermann (2007), S.57

präzise Genauigkeit bei der Ermittlung der Kosten während der Modellphase. Nach Erfahrungswerten wird nach der traditionellen Kostenplanung beim BiB eine hohe Abweichung im Soll-Ist-Vergleich festgestellt. Die Abweichung varriert je nach Zustand des Bestandsgebäudes. Während der Kostenschätzung wird ohne zeichnerische Elemente eine Abweichung von ±50% bis ±90% festgestellt. [131] Die Kostenberechnung verringert die Abweichung auf einen Toleranzbereich von ±35% bis ±60%.[132] Die Kostenplanung weicht vor Vergabe in Form eines Kostenanschlags in einen Bereich von ±15% bis ±30% von den entstandenen Ist-Kosten ab.[133] Die Arbeitsweise mit BIM bietet eine Veränderung ab der Modellphase, so dass der Toleranzbereich durch die modellorientierte Arbeitsweise eine Verringerung der Abweichung ab der Modellphase bzw. der Kostenberechnung garantiert.

5.1 Qualitätsmanagement und Auswertung

Während aller Leistungsphasen wird bis zur Betreuung und Dokumentation des Bestandsgebäudes eine Qualität der Arbeit in Bezug auf die Baumaßnahme beim BiB erzeugt. Die resultierende Qualität basiert unabhängig von der Arbeitsmethodik auf verschiedene Phasen der Bausanierung. Moschig legt die Wichtung der Genauigkeit, Vollständigkeit und Qualität der Bausanierung in den Bestandteil der Baubestandsaufnahme.[134] Die Autoren Bielefeld und Wirths ergänzen die Faktoren für ein gutes Qualitätsmanagement:

„Ein derartiges Qualitätsmanagement sollte Anforderungen an Beteiligte und Materialien formulieren und überwachen, wie etwa:

- o Eindeutige Leistungsbeschreibung und Schnittstellendefinition,
- o Umfangreiche Bestandsdokumentation,
- o Festlegung von Änderungs- und Entscheidungsprozessen,
- o Sicherstellung der Kommunikationswege und
- o Umfangreiche Qualitätsprüfung über die gesamte Projektlaufzeit."[135]

Insgesamt macht sich laut den Autoren das Qualitätsmanagement der Bausanierungsmaßnahme abhängig von allen Prozessstufen während des Ablaufs. Ein großes Augenmerk der Autoren beginnt bei der Baubestandsaufnahme und Bestandsdokumentation. Die Baubestandsaufnahme und Bestandsdokumentation unterscheidet sich in der konventionellen Planung mit der BIM-Methodik in der Informationsquantität und –qualität der Ablaufplanung. Die Informationsquantität unterscheidet sich in der konventionellen Planung von der BIM-Methodik in der Art der Bauaufnahme. Die konventionelle Planung nimmt im Vergleich zur BIM-Methodik Bestandsinformation vollständig manuell auf, wobei in Betracht des Nutzens nur die

---

[131] Vgl. Neddermann (2007), S.57
[132] Vgl. ebd.
[133] Vgl. ebd.
[134] Vgl. Moschig (2014), S.51
[135] Bielefeld / Wirths (2010), S. 260

Informationen aufgenommen werden, die auch gebraucht werden. Die Bestandsdokumentation wird traditionell separat aufgeteilt in Fotodokumentation, Berichtdokumentation in Wort und Schrift und zeichnerische Darstellung, die unabhängig von einander archiviert werden. Die BIM-Methodik basiert im Gegensatz dazu auf das Laserscanning, wodurch ein vollständiges Abbild des Gebäudes aufgenommen wird. Das Laserscanning nimmt somit bereits Informationen zum Bestand auf, sodass ein erhöhter Informationsgrad in Bezug auf die Quantität gegeben ist. Die Informationsqualität unterscheidet sich allgemein in die Dimensionskategorien

- o Darstellung,
- o Inhalt,
- o Nutzung,
- o und System.[136]

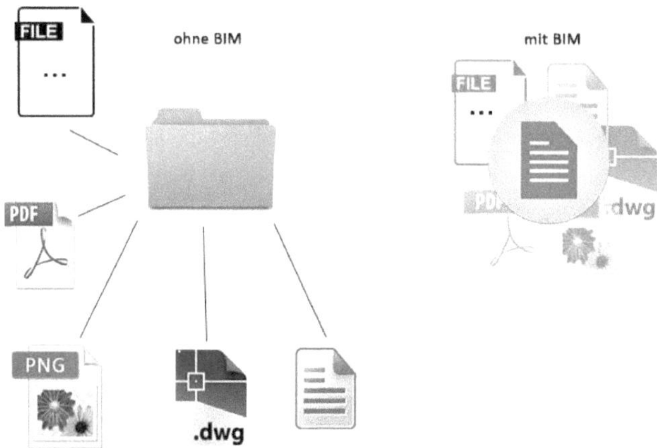

Abbildung 34: Gegenüberstellung - Informationsqualität[137]

In der Kategorie Darstellung, Inhalt und Nutzung überwiegt die Qualität in der Nutzung der BIM-Methodik, da auf Grundlage des 3D-Modell eine einheitliche Darstellung mit vernetzten Informationen entsteht. Im Rahmen der Bausanierungsmaßnahme werden auf Grundlage des Gebäudemodell manuell Informationen aufgenommen und als parametrische Daten an die Projektdatei weitergegeben. Als Resultat entsteht im Rahmen des Nutzens ein Ordner in der konventionellen Ablaufplanung, hingegen die BIM-Methodik miteinander vernetzte Dateien in einer Projektdatei speichert. In der Kategorie System bietet die konventionelle Planung im Gegensatz zu BIM keine transparente Arbeitsweise für alle Beteiligten. In der

---

[136] The MIT Total Data Quality Management Program: „Data Quality Dimensions" / Deutsche Gesellschaft für Informations- und Datenqualität: Projekt „IQ-Dimensionen definieren"
[137] Eigene Darstellung

Korrespondez werden die Resultate via E-Mail als Insellösung weiterverschickt.BIM dagegen hat eine transparenter Arbeitsweise für alle Beteiligten, sodass das Projekt einheitlich für alle Beteiligten der Baumaßnahme zugänglich ist.[138]

Im Rahmen der Leistungsbeschreibung und eindeutigen Schnittstellendefinition unterscheiden sich die konventionelle Arbeitsplanung und BIM-Arbeitsmethodik in der Ergänzung durch zeichnerische Darstellungen. Die Leistungsbeschreibung wird anhand von zeichnerischen Darstellung in der konventionellen Planung mit Hilfe von 2D-Zeichnungen manuell erweitert. Mit Hilfe von BIM bietet die Softwarelösung iTWO eine Leistungsbeschreibung mit intelligenter Markierung[139] durch Objektfilterung, sodass durch die Bemusterung erkennbar ist, welche Bauteile betroffen sind. Hingegen die konventionelle Planung die jeweiligen Beteiligten auffordert, die betroffenen Bauteile selbst zu erörtern. Im Rahmen der eindeutigen Schnittstellendefinition nutzt die konventionelle Arbeitsweise verschiedene Schnittstellen im gesamten Projekt. Zeichnerische Elemente werden via CAD im DWG-Format, Bilddateien werden variabel in einem Bilddatei-Format[140], Dokumente in einem PDF-Format und Leistungsverzeichnisse im GAEB-,XML- oder DOC-Format übermittelt. Die Arbeit mit BIM erfordert derzeit das IFC-Dateiformat für die Modellebene und für die Baubetriebsebene das GAEB-Dateiformat für das gesamte Projekt. Die Arbeit mit dem IFC- und GAEB-Format implementiert die konventionellen Dateiformate für die Arbeit anhand eines Bestandsgebäudes.

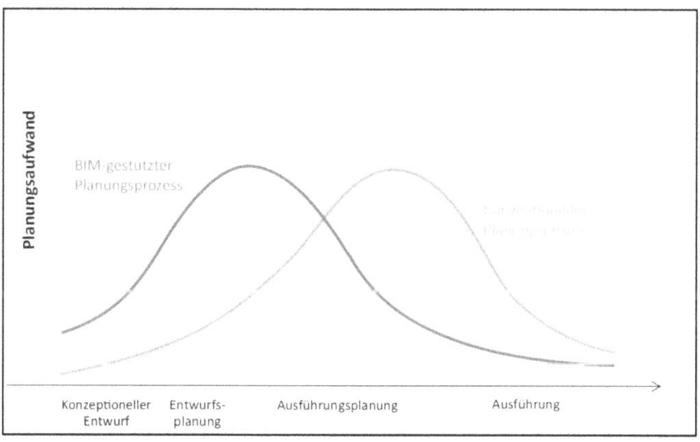

Abbildung 35: Sequentieller Planungsaufwand[141]

---

[138] Siehe Abbildung 34: Gegenüberstellung – Informationsqualität
[139] Siehe Abschnitt 5.2: Ablaufplanung und Auswertung, S. 34
[140] Bspw. JPG oder PNG
[141] André Borrmann u.a. (2015), S.6 (modifiziert)

Die Festlegung von Änderungs- und Entscheidungsprozessen in einer Sequenz der Baustelle ist in einem Bauvorhaben abhängig von der Qualität der Planung. Die Relation von der Qualität der Planung ist einsehbar anhand des Planungsaufwandes. In der konventionellen Planung erfolgt der Planungsaufwand größtenteils in der Ausführungsplanung und Ausführung der jeweiligen Bausanierungsmaßnahme, da in der Ausführung unvorhergesehene Ereignisse auftreten, die zu Bauablaufstörungen resultieren.[142] In der BIM-gestützten Planung wird die Aufwandskurve vorverlagert in die Entwurfsplanung, sodass eine geringe Fehlerquote in der Ausführungsplanung und Ausführung entsteht und die Qualität der Planung angehoben wird.[143]

Die Sicherstellung der Kommunikationswege, als weiterer Faktor für ein gutes Qualitätsmanagement, ist in der konventionellen Planung gegenwärtig der postalische und digitale Brief-, Fax- und E-Mail-Verkehr und die fernmündliche Verständigung via Telefon. Die Verwendung der Arbeitsmethodik mit BIM erweitert die Kommunikationswege im Bauwesen. Die Verwendung eines Datenservers bzw. einer Cloud zur Bewahrung des Gebäudemodells eröffnet ein neuen Kommunikationsweg über die dauerhafte Synchronisation von Informationen. Im weiteren Verlauf dient BIM als Einstieg für mobile Endgeräte auf der Baustelle, sodass das BIM-Modell und die implementierten Daten ortsunabhängig abgerufen werden können. Autodesk bietet bereits die Applikation BIM 360 für mobile Endgeräte an.[144]

Abbildung 36: BIM mit mobilen Endgeräten[146]

Der Aspekt der umfangreichen Qualitätsprüfung über die gesamte Projektlaufzeit nach Bielefeld und Wirths wird baubegleitend konventionell über die Anfertigung von Prüfberichten und fortlaufender Dokumentation von Mängellisten bewerkstelligt.[146] Die BIM-gestütze Qualitätsprüfung fügt durch die modellbasierte Arbeitsweise die genaue Lokalisierung einzelner Elemente und Mängel aus Prüfberichten und Mängellisten hinzu. Das Arbeiten mit der Methodik ermöglicht einzelne

---

[142] Siehe Abbildung 35: Sequentieller Planungsaufwand

[143] Vgl. André Borrmann u.a. (2015), S.6

[144] Siehe Abbildung 36: BIM mit mobilen Endgeräten

[145] http://www.autodesk.com/content/dam/autodesk/www/products/bim-360-family/images/case-studies/mortenson-large-1067x800.jpg, Autodesk Inc. (13.11.2015)

[146] http://dekra-construction-management.de/leistungsuebersicht/bau/baubegleitende-qualitaetspruefung.html, DEKRA Industrial International GmbH (13.11.2015)

objektorientierte Qualitätsfeststellung in das Modell zu integrieren, sodass die Qualität über die gesamte Projektlaufzeit sichergestellt wird.

6. Fazit

Informations-austausch	
Ablaufplanung	
Kostenplanung	
Qualitäts-management	

Abbildung 37: Gesamtbeurteilung[148]

Nachdem die konventionelle Arbeitsweise mit der BIM-Methodik in den Vergleichskriterien Informationsaustausch, Ablaufplanung, Kostenplanung und Qualitätsmanagement abgewogen wurden, verbleibt die Zielfrage, welche Arbeitsmethodik vorteilhafter ist. Um eine insgesamte Bilanz aus den Erkenntnissen zu gewinnen, werden die Auswertungen aus der Gegenüberstellung mit einer Bewertung für die BIM-Methodik nach Nutzen abgewogen. Die Bewertung erfolgt anhand einer Stufenskala von 1-3 mit Hilfe von Bewertungssternen. Ein Bewertungsstern beinhaltet die Aussage, dass BIM eine leichte Verbesserung im Vergleichskritierium zur konventionellen Arbeitsmethodik bietet. Eine Bewertung mit zwei Sternen bedeutet, dass eine fortschrittliche Verbesserung vorhanden ist und drei Sterne sagt eine stark ersichtliche Verbesserung im Kriterium aus. Im Bereich Informationsaustausch bietet BIM gegenüber der herkömmlichen Arbeitsweise die Möglichkeit eine neue Infrastruktur in die gesamte Branche zu implementieren. Das Arbeiten und Anstreben mit der *big open BIM*-Lösung ermöglicht den Baubeteiligten eine bessere Verständigung durch das Kommunikationsmedium BIM. Das Vergleichskriterium Informationsaustausch ist mit BIM als sehr fortschrittlich anzuerkennen gegenüber der konventionellen Planung.

Der Vergleichsfaktor Ablaufplanung verändert sich mit BIM über alle Leistungsphasen gegenüber der traditioneller Leitlinie. Der große Vorteil im neuen Verfahren ist die Arbeit synchrone Arbeit an der selben Zeichnung aller Beteiligten, sodass auf zeichnerische Ebene präziser gearbeitet werden kann. Der Nachteil an der modellbasierten Arbeit ist der Mehr- und Minderarbeitsaufkommen, der durch BIM entsteht, da BIM durch die hohe Komplexität schwer standardisierbar ist. Der Mehr- und Minderarbeitsaufkommen steigt und sinkt proportional zur Detailtiefe, sodass bei jedem Projekt ein Risiko an Zeit und Kosten entsteht. Die gesamte Ablaufstruktur mit BIM ist dennoch progressiv anzusehen, da durch das BIM-Modell über den gesamten Lebenszyklus des Gebäudes erhalten bleibt.

Die Kostenplanung beginnt mit BIM im 5-Stufen-Verfahren[148] nach DIN 276-1 ab der Präsenz des BIM-Modells, sodass der Kostenrahmen und die Kostenschätzung von der Arbeitsweise wesentlich unberührt bleiben. In der Kostenberechnung und dem Kostenanschlag erweist sich das BIM-Modell als hilfsreich, da es im Rahmen der Mengenermittlung nur manuell

---

[147] Eigene Darstellung
[148] Kostenrahmen, -schätzung, -berechnung, -anschlag und -feststellung

bemustert wird. Die Mengenermittlung selbst wird durch die jeweilige Softwarelösung[149] errechnet. Die Kostenfeststellung beinhaltet die manuelle Eingabe der realen Massen, sodass diese Stufe kongruent zur konventionellen Planung ist. Die Kostenplanung ist durch die modellbasierte Massenermittlung als fortschrittliche Verbesserung zu agnoszieren.

Das letzte Vergleichskriterium Qualitätsmanagement wird bewertet nach den Aussagen von Moschig, Bielefeld und Wirths. Die Autoren nennen zusammenfassend fünf Kernaussagen, die zur Qualitätssteuerung von Bestandsprojekten wesentlich sind:

- o   Eindeutige Leistungsbeschreibung und Schnittstellendefinition,
- o   Umfangreiche Bestandsdokumentation,
- o   Festlegung von Änderungs- und Entscheidungsprozessen,
- o   Sicherstellung der Kommunikationswege und
- o   Umfangreiche Qualitätsprüfung über die gesamte Projektlaufzeit.

Die eindeutige Leistungsbeschreibung unterscheidet beide Arbeitsmethoden in der Ergänzung von zeichnerischen Darstellungen. Das 3D-Modell bietet durch die weitere Dimension eine bessere Visualisierung als die 2D-Zeichnung. Im Gesichtspunkt Schnittstellendefinition bietet BIM eine vorteilhafte Arbeitsweise durch die Nutzung von zwei Dateiformate[150]. Durch das genaue Laserscanning erhält die Bestandsdokumentation eine hohe Detailtiefe, sodass BIM in der Hinsicht fortschrittlicher ist als die traditionelle Arbeitsmethodik. Die Änderungs- und Entscheidungsprozesse werden durch die Vorverlagerung des Planungsaufwandes verbessert und genauer festgelegt mit BIM. Im Rahmen der Sicherstellung von Kommunikationswegen und umfangreichen Qualitätsprüfung bietet BIM durch beispielsweise Einsatz von mobilen Endgeräten eine Erweiterung für die gesamte Branche in allen Einsatzgebieten und dient als starker Fortschritt.

Insgesamt bietet BIM im Gegensatz zur konventionellen Planung höhere Gewinne durch die Effizienz der Arbeitsmethodik in den genannten Kriterien. Der Einsatz von BIM beim BiB bringt einen technologischen und wirtschaftlichen Vorteil gegenüber der traditionellen Leitlinie, sodass die zukünftige Entwicklung und Umsetzung von BIM nur eine Frage der Zeit ist.

---

[149] Bspw. iTWO
[150] IFC und GAEB

Literaturverzeichnis

Borrmann, A., König, M., Koch, C., Beetz, J.	(2015), Building Information Modeling: Technologische Grundlagen und industrielle Praxis, Wiesbaden, Springer Vieweg, 2015
Kalusche, W.	(2012), Differenzierung anerkannter Begriffe bei Baumaßnahmen im Bestand, in: Baukosteninformationszentrum Deutscher Architektenkammern (Hrsg.), BKI Baukosten – Statistische Kostenkennwerte für Altbau, 2. Auflage, Stuttgart, Selbstverlag, 2012
Kochendörfer, B., Liebchen, J. H., Viering, M. G.	(2010), Bau-Projekt-Management: Grundlagen und Vorgehensweisen, 4. Auflage, Wiesbaden, Vieweg+Teubner, 2010
Moschig, G. F.	(2014), Bausanierung: Grundlagen – Planung – Durchführung, 4. Auflage, Wiesbaden, Springer Vieweg, 2014
Neddermann, R.	(2007), Kostenermittlung im Altbau, 4. Auflage, Köln, Werner Verlag, 2007

Internetquellen:

Architektenteam Udo Winkler	09.11.15	http://www.heusweiler.de/fileadmin/user_upload/PDFs/bauamt/Ausschreibungen/LV_Vollwaermeschutz_Kita_und_Jugendzentrum.pdf
Autodesk Inc.	15.11.15	http://help.autodesk.com/cloudhelp/2015/DEU/Revit-GetStarted/images/GUID-09FA84AD-59CC-4DAB-90DF-2CA6CD62A139.png
	13.11.15	http://static-dc.autodesk.net/content/dam/autodesk/www/products/bim-360-family/images/case-studies/mortenson-large-1067x800.jpg
B+K Ingenieure	09.11.15	http://www.bwk-ingenieure.de/website/images/arriba/ARRIBA_planen.jpg
DEKRA Industrial International GmbH	13.11.2015	http://dekra-construction-management.de/leistungsuebersicht/bau/baubegleitende-qualitaetspruefung.html
DIN - GAEB	09.11.15	http://www.gaeb.de/fileadmin/_processed_/csm_GAEB-DA-XML-3-2_5613d9f3d7.gif
DRK Hörstel	09.11.15	http://drk.hoerstel.de/rie/umbau_alte_birgter_schule_ov.htm
Einbock GmbH	08.11.15	http://www.juraforum.de/lexikon/bauaufsichtsbehoerde

evianet GmbH	09.11.15	http://www.bauratgeber-deutschland.de/hausbau-planung/hausbau-umbau-ausbau-modernisierung/5744-umbauten-mit-oder-ohne-baugenehmigung
Heise Medien GmbH & Co. KG	09.11.15	http://1.f.ix.de/imagine/swvz-programme/TtUIyyiSxIxkQO41jCWi5QcuiWw/content/Microsoft-Project.jpg
Hohimer, B.	09.11.15	http://www.uslaserscanning.com/pointsense-for-revit/
Interhyp AG	29.10.15	http://www.interhyp.de/bauen-kaufen/tipps-zur-immobilie/baukosten-gute-planung-zahlt-sich-aus.html
Kickstein, K.	09.11.15	http://www.schoeck-blog.de/wp-content/uploads//2014/02/Kommunikation_BIM-e1392880669153-457x259.jpg
Massachusetts Institute of Technology (MIT) / Deutsche Gesellschaft für Informations- und Datenqualität e.V.	15.11.2015	http://www.az-direct.ch/fileadmin/pdf/15_Dimensionen_Datenqualitaet_DGIQ.pdf
Mensch und Maschine acadGraph GmbH	15.11.15	http://www.acadgraph.de/fileadmin/bilder/Produkte/Bau%20und%20Architektur/revitarch_10gruende.pdf
Paul, W.	09.11.15	http://www.ibl.uni-stuttgart.de/fileadmin/veroeffentlichungen/paul_huff/Terminplanung_im_Wohnungsbau.htm
SOFTTECH GmbH	09.11.15	http://www.dailynet.de/_images/pmages/8053/2747/d1071492182b6c8d05710c5ee5c815fd.jpg.orig
Youtube, LLC (Video hochgeladen von Tobias Brinker, M. Eng.)	09.11.15	https://www.youtube.com/watch?v=iLd6mEKkE28

Gesetze, Normen, Richtlinien

DIN	DIN 276: Kosten im Hochbau, Ausgabe 2008-12/2009-08
DIN	DIN 31051: Grundlagen der Instandhaltung, Ausgabe 2012-09
DIN	HOAI 2013: Honorarordnung für Architekten und Ingenieure, Ausgabe 2013-07
DIN, DVA	VOB: Vergabe- und Vertragsordnung für Bauleistungen, Teil A, B und C, Ausgabe 2015-09
Ministerium für Inneres und Kommunales des Landes Nordrhein-Westfalen	BauO NRW: Bauordnung für das Land Nordrhein-Westfalen, Ausgabe 2015-11
Niedersächsisches Ministerium für Soziales, Frauen, Familie, Gesundheit und Integration	BauVorlVO: Verordnung über Bauvorlagen und die Einrichtung von automatisierten Abrufverfahren für Aufgaben der Bauaufsichtsbehörden Ausgabe 2012-11

Anhänge

Anhang 1 – Beispiel einer Kostenaufstellung

AUFSTELLUNG			
Art der Arbeiten:	Baumeisterarbeiten		
Pos.	Bauteil	Sanierungsart	Masse
Nr.	Baukonstruktion	Sanierungsvorschl.	m, m^2, m^3, Stk.
01	Kaminkopf	Abtragen	4 Stk.
		Neu herstellen	3 Stk.
02	Holzschalung	Abtragen	60 m^2
		Neu herstellen	60 m^2
03	Fassadenplatten	Abtragen	170 m^2
		Neu herstellen	170 m^2
04	Balkontrennwände	Abtragen	13 Stk.
		Neuherstellen	13 Stk.
05	Fensterlaibungen	Ausschneiden	68 Stk.
		Verkleiden WD	68 Stk.
06	Fassadendämmung	Untergrund vorb.	1300 m^2
		Herstellen	1300 m^2
07	Fassadenverputz	Herstellen	1300 m^2
08	Dämmung	Kellerdecke	370 m^2
		DG-Decke	405 m^2
09	Sickerschacht	Erdaushub	1 Stk.
		Herstellen	1 Stk.
10	Regenrohrsinkkasten	Erdaushub	6 Stk.
		Herstellen	6 Stk.

Quelle:

Moschig, G. F. (2014), Bausanierung: Grundlagen – Planung – Durchführung, 4. Auflage, Wiesbaden, Springer Vieweg, 2014 S.143

Anhang 2 – Beispiel einer Kostenschätzung

KOSTENSCHÄTZUNG				
Bauvorhaben				
Pos.	Leistung	Einheit	Masse	EP
1	Baumeisterarbeiten			
1.25.8	Kaminköpfe abtragen	Stk.	6	385,00
1.21.1	Eternit-Fassade abtragen	m^2	170	12,50
1.27.2	Holzschalung abtragen	m^2	60	4,00
1.27.3	Balkontrennwände demont.	Stk.	13	58,00
1.27.4	Trennwände kürzen +Versetzen	Stk.	13	69,00
1.27.5	Geländer-Seitenteile demont.	Stk.	24	225,00
1.27.6	Geländer-Seitenteile wiedermont.	Stk.	24	232,50
1.27.71	Laibungen Fenster	Stk.	68	218,00
1.27.72	Laibungen Türen	Stk.	8	255,00
1.27.73	Laibungen Fenster-Türen	Stk.	16	284,00
1.27.8	Tankentlüftung	Stk.	1	48,00
1.43.5	Klinker-Kaminköpfe	Stk.	6	843,00
1.46.1	Fassadendammung	m^2	1300	41,00
1.48.1	Dämmung – Kellerdecke	m^2	370	32,00
1.48.2	Dämmung – Dachgeschossdecke	m^2	405	35,00
1.49.1	Reinigung laufend		1	436,00
1.49.2	Endreinigung		1	872,00
1.73.1	Fassadengerüst	m^2	1300	7,00
1.73.4	Fassadenverputz	m^2	1300	9,50
1.73.6	Trennfuge	m	25	25,00
1.75.7	Sichtschalung	m^2	60	25,00
1.85.2	Regenrohrsinkkasten	Stk.	6	269,00
1.88.4	Sickerschacht	Stk.	1	327,00
		Summe Gesamtpreis (GP):		144.379,00 €

3	Spenglerarbeiten			
3.1.1	Hängerinnen abtragen	m	80	2,60
3.1.2	Fallrohre	m	87	2,60
3.1.3	Kaminabdeckung	Stk.	6	18,50
3.1.4	Sohlbänke	m	150	1,50

3.1.5	Vordachverblechung	m^2	10	4,00
3.2.1	Notabläufe herstellen	m	87	3,00
3.3.1	Cu-Hängerinnen	m	80	21,00
3.3.2	Cu-Fallrohre	m	88	21,00
3.3.3	Cu-Fenstersohlbänke	m	150	19,00
3.3.4	Cu-Vordach	m^2	10	47,50
3.3.5	Kamineinfassungen	Stk.	6	249,00
3.9	Regiearbeiten		1	545,00
	Summe Gesamtpreis (GP):			9.963,20 €

Quelle:

Moschig, G. F.   (2014), Bausanierung: Grundlagen – Planung – Durchführung, 4. Auflage, Wiesbaden, Springer Vieweg, 2014 S.143f

Anhang 3 – Beispiel einer Massenberechnung

Pos. Nr.	Leistung	Länge	Breite	Fläche	Höhe	Kubatur	Abzug
		m	m	m^2	m	m^3	m
1	Baumeisterarbeiten						
1.2	Abbrucharbeiten						
1.21	Fundamente- Betonmauerwerk						
1.21.1	Fundament freisth.	1,10	0,50	0,55	1,00	0,55	-
		2,00	0,50	1,00	0,90	0,90	
						1,45 m^3	

Quelle:

Moschig, G. F.   (2014), Bausanierung: Grundlagen – Planung – Durchführung, 4. Auflage, Wiesbaden, Springer Vieweg, 2014 S.154

Anhänge

Anhang 4 – Beispiel für einen Netzplan

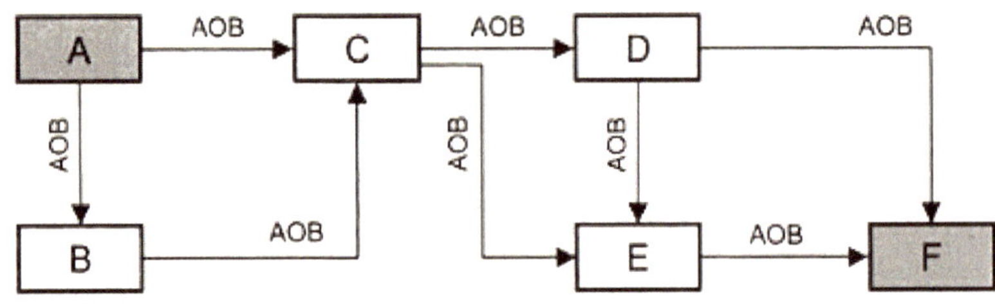

Quelle:

Kochendörfer, B.,   (2010), Bau-Projekt-Management: Grundlagen und Vorgehensweisen, 4. Auflage,
Liebchen, J. H.   Wiesbaden, Vieweg+Teubner, 2010
Viering, M. G.   S. 108

Anhang 5 – Beispiel für ein Balkendiagramm

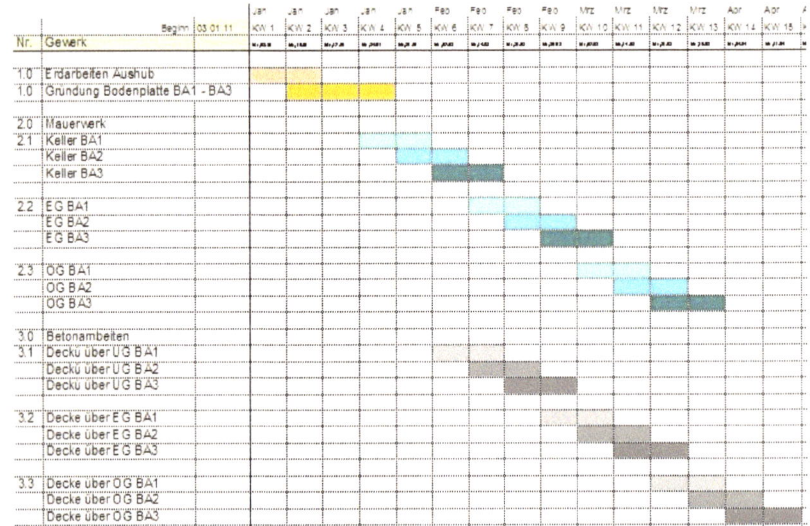

Quelle:

Lohr, B.   25.03.13   http://www.formularis.de/uploads/images/FBhde8PnxvqFo18K1R89BQ/bauzeiten
plan_kw_grafisch-.jpg

Anhang 6 – Beispiel für ein Einladungsschreiben

Firma
„Firmenbezeichnung"
„Unternehmensart"

„Straße"
„PLZ-Ort"

Betreff: Angebotslegung – *„Gewerk"*-Arbeiten
Bauvorhaben: *„Art – Ort, Straße"*

Sehr geehrte Damen und Herren,
über Auftrag *„Bauherr"* ersuchen wir Sie um Legung eines kostenlosen und unverbindlichen
Angebotes über oben genannte Bauleistungen.
Voraussichtliche Durchführung der Arbeiten *„Zeitraum"*
Das Angebot kann auch in digitalisierter Form auf CD-ROM oder DVD-R vorgelegt werden.
Sollten Sie an einer Angebotslegung kein Interesse haben, so ersuchen wir um Rücksendung
der Unterlagen.
Mit herzlichem Dank für Ihre Bemühungen zeichnen wir

mit freundlichen Empfehlungen
INGENIEURBÜRO – Architekturbüro

Abgabetermin:	„Datum und Uhrzeit"
Angebots-Eröffnung:	„Datum und Uhrzeit"
Beilagen:	2 Angebotsexemplare
	2 Allgemeine Vertragsbedingungen
	CD-ROM - Ausführungszeichnungen
	Massenberechnung
	Baubeschreibung
	„Ort, Datum"

Quelle:

Moschig, G. F.   (2014), Bausanierung: Grundlagen – Planung – Durchführung,
4. Auflage, Wiesbaden, Springer Vieweg, 2014
S.160

Anhänge

Anhang 7 – Beispiel für ein Auftragsschreiben

Firma
„Firmenbezeichnung"
„Unternehmensart"

„Straße"
„PLZ-Ort"

Betreff: *„Gewerk"*-arbeiten
Bauvorhaben: *„Art"*
          In   *„PLZ-Ort, Straße"*

A U F T R A G S C H R E I B E N (Gegenbrief)

aufgrund ihres Angebotes vom *„Angebotsdatum"* mit einer Endsumme € *„Betrag"* berichtigte Summe € *„Betrag"* erteilen wir Ihnen den Auftrag zur Ausführung der *„Gewerk"*-arbeiten beim oben angeführten Bau- vorhaben in *„PLZ-Ort"* unter nachstehenden Bedingungen:

1. Wenn nicht in Position 15 Festpreise vereinbart sind, so werden Lohn- und Materialpreis-Erhöhungen nur in den vom Gesetzgeber (Verlautbarungen im *„Medium"*) festgelegten Ausmaß vergütet.

2. Die Ausführung hat entsprechend dem Originaltext des Leistungsverzeichnisses, den Zeichnungsunter- lagen und den allgem. Vertragsbedingungen nach den anerkannten Regeln der Technik unter Einhaltung der einschlägigen gesetzlichen Bestimmungen, nach den Plänen, Details und Beschreibungen, aufgrund der aufgenommenen Naturmaße und entsprechend den Anordnungen der Bauaufsicht zu er- folgen.

3. Sofern hier nicht anders bestimmt, gelten als rechtliche Grundlagen des Vertrages die in Pos. 3a angeführten Unterlagen, die geltenden Normen und die VOB.

   Lohn- und Materialpreiserhöhungen werden, wenn nicht Fixpreise vereinbart wurden, nur dann anerkannt, wenn sie in ihrer Gesamtsumme mehr als 2 % der Auftragssumme (Schlussrechnungssumme) ausmachen.
   Maßgebend sind die in den einschlägigen *„Medien"* verlautbarten und anerkannten Sätze. Stichtag für die Veränderung der Einheitspreise bildet das Datum der Auftragserteilung, wenn das Datum der Angebotslegung mehr als 8 Wochen zurückliegt, so gilt dieses.

   a. Für die Güte der Werkstoffe, Ausführung, Abrechnung und Nebenkosten sind, soweit im Auftragsschreiben, Angebotstext, allgem. Bedingungen, Angebotsvormerkungen und Ausführungszeichnungen samt Beschreibungen nicht anders bestimmt, die einschlägigen Normen und die VOB in der derzeit gültigen Fassung maßgebend.

4. Auf die Einheitspreise des oben angeführten Angebotes gewähren Sie, aufgrund der Preisverhandlungen, einen Preisnachlass von *„Prozentsatz"* %.

5. Bei Bezahlung innerhalb von 10 Tagen nach Rechnungsprüfung gewähren Sie einen Skonto von *„Prozentsatz"* % des Rechnungsbetrages, ansonsten „Anzahl" Tage Zahlungsziel.

6. Eine Erhöhung der Auftragssumme, sei es durch Änderung in der Ausführung oder durch Erhöhung bzw. Verminderung der Massen, wird nur dann anerkannt und vergütet, wenn uns dies vor Durchführung der entsprechenden Arbeiten schriftlich mitgeteilt wird und von uns eine schriftliche Zustimmung dazu gegeben wird.

   Regieleistungen müssen ausdrücklich angeordnet und täglich von der Bauaufsicht bestätigt werden, ansonsten erfolgt keine Vergütung.

7. Eine Verringerung der Massen der einzelnen Leistungspositionen oder der gänzliche Entfall von Leistungspositionen bewirkt keine Veränderung der angebotenen Einheitspreise.

8. Abänderungen in der Ausführung dürfen nur mit unserer Zustimmung durchgeführt werden. Sollten durch solche Arbeiten für uns Mehrkosten entstehen, so haben Sie uns diese zu vergüten.

9. Teil- und Schlussrechnungen sind entweder auf Datenträger oder sonst in dreifacher Ausfertigung vorzulegen. Vor Legung der Schlussrechnung sind die Arbeiten an unsere Bauaufsicht zu übergeben. Bei der Übergabe oder nachträglich festgestellte Mängel sind innerhalb einer von der Bauaufsicht gestellten Frist kostenlos zu beheben.

   Das Nichteinhalten der Frist, einschließlich einer Nachfrist, berechtigt uns, die Mängelbehebung, einschließlich aller damit verbundenen und dadurch verursachten Arbeiten und Kosten, durch eine von uns beauftrage Firma auf ihre Kosten durchführen zu lassen.
   Der Schlussrechnung ist eine leicht überprüfbare Massenaufstellung samt den dazu allenfalls erforderlichen Skizzen und Abrechnungszeichnungen auf Datenträger oder ansonsten zweifach beizulegen.

10. Zessionen von Teil- und Schlussrechnungen dürfen nur mit unserer schriftlichen Zustimmung erfolgen.

11. Einvernehmlich werden folgende Ausführungsfristen festgelegt: Baubeginn: *„Datum"* Gesamtfertigstellung: *„Datum"* (Übergabe)

12. Zur Einhaltung der in Pos. 10 genannten Termine wird für jeden Tag Fristüberschreitung, ausgenommen die Fälle höherer Gewalt, eine Konventionalstrafe (Pönale) von € *„Betrag"* (in Worten:) festgesetzt. Diese Vertragsstrafe gilt auch dann, wenn eine Fristüberschreitung infolge der in Pos. 8 angeführten Arbeiten eintritt. Verzögerungen in ihrer Arbeit durch uns oder durch Dritte werden nur dann anerkannt, wenn uns spätestens 48 Stunden nach Eintritt der Verzögerungen dies schriftlich mitgeteilt worden ist und durch eine Baubucheintragung seitens der Bauaufsicht der Tatbestand bestätigt wurde.

13. Die dreijährige Haftzeit beginnt mit dem Zeitpunkt der Schlussabnahme (Datum des Abnahmeprotokolls) durch die Bauaufsicht. Von der Bauaufsicht festgestellte Mängel sind innerhalb der gesetzten Frist ordnungsgemäß kostenlos zu beheben. Nach Ablauf der Haftzeit erfolgt eine Endkollaudierung durch einen bevollmächtigten Vertreter des Auftraggebers. Anlässlich dieser Endkollaudierung festgestellte Mängel, welche auf nicht einwandfreie Arbeit oder Material Ihrerseits schließen lassen, sind innerhalb einer zu stellenden Frist kostenlos zu beheben. Bezüglich Frist, Nachfrist und Mängelbehebung gelten die Ausführungen in Pos. 9 sinngemäß.

14. Nach den derzeit geltenden Normen leisten Sie eine Garantiefrist von drei Jahren (außer im Haftungsabnahmeprotokoll ist eine andere Frist vereinbart) und haften dafür mit 5 % (fünf) der Auftragssumme entweder in bar oder in Form eines Bankhaftbriefes.

15. Alternativposition: Die angebotenen Einheitspreise stellen Festpreise im Sinn der geltenden Norm dar und haben für die gesamte Baudauer Geltung.

16. Mit dem Eintreffen des von Ihnen gegengezeichneten Durchschlages erlangt vorliegender Auftrag Rechtskraft. *„Ort, Datum" „Unterschrift"*

Anhänge

Ich (Wir) erkläre(n) mich (uns) mit den vorstehenden Bedingungen vollinhaltlich
einverstanden und übernehme(n) den Auftrag.
„Ort, Datum" „Unterschrift"
Beilagen: Allgemeine Bedingungen
                 Ausführungszeichnungen
                 Baubeschreibungen
                 Bescheide
                 Massenberechnungen
                 Statische Berechnungen   alle Beilagen auf CD-ROM

Zwei Exemplare samt zwei Allg. Bedingungen unterschrieben zurück an:
                             „Architekturbüro, Ingenieurbüro"

Die örtliche Bauaufsicht liegt bei: *„Architekturbüro, Ingenieurbüro"*

Quelle:

Moschig, G. F.   **(2014), Bausanierung: Grundlagen – Planung – Durchführung,
                               4. Auflage, Wiesbaden, Springer Vieweg, 2014
                               S.160-162**

Anhänge

Anhang 8 – Beispiel für ein Abnahmeprotokoll

ABNAHMEPROTOKOLL(Schlussabnahme/Haftungsabnahme/Garantieabnahme*)

1 Bauvorhaben: in:

2 Betreff: -arbeiten

3 Ausführende Firma:

vertreten durch

4 Anbot vom Auftrag vom

Der laut vorgenannten Anbot (Auftrag) beschriebene Leistungsumfang wurde bis zum heutigen Tage/zur Gänze/teilweise/* fertig gestellt.

Folgende Leistungen bzw. Mängel sind bis zum zu erbringen bzw. zu beheben.

5 Leistungen:

6 Mängel – zu beheben:

Der festgestellte und korrigierte Schlussrechnungsbetrag lautet auf €

Damit sind sämtliche Leistungen aus dem oben zitierten Auftrag abgegolten und jede Nachforderung ausgeschlossen.

Die Haftzeit (Verlängerung) läuft vom   bis

Der Haftrücklass beträgt €   und ist am   zur   Gänze/teilweise*   frei   zu geben. Von der Schlussrechnungssumme (richtig gestellte Summe)/Haftrücklass* kann ein Betrag von €   freigegeben werden.   Ein Bankhaftbrief über einen Betrag von €   wurde (nicht) vorgelegt.

Infolge unvollständiger Durchführung der Arbeiten wird ein Betrag von € vom berichtigten Schlussrechnungs-Betrag/Haftrücklass* zusätzlich einbehalten.

Dieser Betrag wird erst nach Fertigstellung der Arbeiten und Übergabe an die Bauleitung freigegeben.

Die Fertigstellung und ordnungsgemäße Übergabe wird bestätigt.

Ort u. Datum: ,

Das uneingeschränkte Einverständnis mit vorstehenden Ausführungen wird mit Unterschrift erklärt.

Ort u. Datum: ,

Ausführende Firma   Auftraggeber   Prüfer

Die Ausfertigung des Abnahmeprotokolls erfolgt zweifach (je 1 Exemplar für Auftraggeber u. Auftragnehmer).

* Nicht Zutreffendes bitte streichen.

Quelle:

Moschig, G. F.   **(2014), Bausanierung: Grundlagen – Planung – Durchführung, 4. Auflage, Wiesbaden, Springer Vieweg, 2014 S.163**

BEI GRIN MACHT SICH IHR WISSEN BEZAHLT

- Wir veröffentlichen Ihre Hausarbeit, Bachelor- und Masterarbeit

- Ihr eigenes eBook und Buch - weltweit in allen wichtigen Shops

- Verdienen Sie an jedem Verkauf

Jetzt bei www.GRIN.com hochladen und kostenlos publizieren